大清河系主要河湖健康评估

DAQINGHEXI ZHUYAO HEHU

JIANKANG PINGGU

周绪申

赵燕楚

著

南开大学出版社　　天津社会科学院出版社

图书在版编目（ＣＩＰ）数据

大清河系主要河湖健康评估 / 周绪申，赵燕楚著
. -- 天津：南开大学出版社：天津社会科学院出版社，
2022.12

ISBN 978-7-310-06419-9

Ⅰ.①大… Ⅱ.①周… ②赵… Ⅲ.①河流—水环境
质量评价—研究—雄安新区 Ⅳ.①X824

中国版本图书馆CIP数据核字(2022)第256489号

大清河系主要河湖健康评估
DAQINGHEXI ZHUYAO HEHU JIANKANG PINGGU

南周大学出版社
天津社会科学院出版社 出版发行

出版人：陈　敬

地址：天津市南开区卫津路94号　邮政编码：300071
营销部电话：(022) 23508339　营销部传真：(022) 23508542
https://nkup.nankai.edu.cn

北京建宏印刷有限公司印刷　全国各地新华书店经销
2022年12月第1版　2022年12月第1次印刷
787毫米×1092毫米　16开本　14.75印张　202千字

定价：78.00元

如遇图书印装质量问题，请与本社营销部联系调换，电话（022）23508339

编委会

前　言

　　河湖健康是指河湖自然生态状况良好，同时具有可持续的社会服务功能。建立环境管理的河湖健康评估体系是进行生态修复的前提，同时也是政府部门对河湖进行管理规划的科学途径。

　　大清河流域是华北地区重要的工业布局区及粮食产区。随着人口增长及社会经济的发展，人类大量消耗水资源，并排放污染物进入水体，使河流生态系统自然功能和经济功能降低或丧失，河流健康受到严重威胁。

　　2017 年 4 月，国务院设立河北省雄安新区，涉及河北省容城、安新、雄县共三县及周边部分区域，作为承载国家战略梦想的"千年大计"，代表着中国的发展方向和发展理念。而雄安新区正位于大清河系的核心区域。2018 年 4 月，《河北雄安新区规划纲要》提出了"打造良好河流生态环境，确保入淀河流水质达标……修复水体底部水生动物栖息生态环境……保持淀区湿地生态系统完整性"的措施和目标。开展大清河系主要河湖健康评估，了解流域河湖的生态环境状况，可为后期生态修复和综合整治工作提供科学依据。

　　本项目根据大清河系的河流水文特征、河床及河滨带形态、水质状况、水生生物特征以及流域经济社会发展特征的相同性和差异性将评估河流分为若干评估河段。对每个河段进行水文、物理结构、水质、生物和社会服务功能五个准则层的评价，完成了大清河系健康状况评估工作。白洋淀作为雄安新区的核心水体，基于其重要性，通过构建湖泊健康评价指标体系完成了白洋淀湿地健康状况评估。由此，掌握了大清河系主要河湖健康状况，并编制了本报告。

目　录

第一章

概　述

第一节　项目背景

一、项目概况

河湖健康是指与河湖流域生态环境和经济社会特征相适应、基于人水和谐的河湖管理可以达到并维持河湖生态状况和社会服务功能均处于良好的状态。建立环境管理的河湖健康评估体系是进行生态修复的前提，同时也是政府部门对河湖进行管理规划的科学途径。从 20 世纪 70 年代开始，建设河湖生态文明、开展河流生态系统综合修复已成为一种先进的治河理念。此后，北美、欧洲以及大洋洲先后成功建立了基于快速生物评价的国家河流健康评价体系，支撑了河流、湖泊环境质量的管理和生态环境保护。

海河流域的水问题十分复杂，水资源、水环境和水灾害问题交织，治水任务繁重，流域经济社会的快速发展带来的严重污染以及在治河过程中对河流生态系统整体考虑的缺乏，导致了几乎所有河流系统的严重受损，对流域社会经济发展和生态文明构成了威胁。因此，为了维护海河流域河湖健康，保障经济社会可持续发展，按照实施最严格水资源管理制度的要求，建设流域水生态文明，应把河流健康评估工作作为今后一个时期的重点工作，实现流域河流健康评价的常态化、制度化、科学化，是一项对于保护河流、合理利用水资源、实现人水和谐具有全面带动性的基础性重大工程。

大清河系是海河流域重要河系，发源于太行山东侧，分南、北两支。2017 年 4 月 1 日，中共中央、国务院在此设立了国家级新区——雄安新区，是北京非首都功能疏解集中承载地。位于雄安新区内的白洋淀湿地是华北平原最大的淡水湿地，也是大清河系中游地区缓洪、滞洪的大型洼淀。白洋淀自然保护区也被人们称为"华北之肾"，具有多种生态功能，其在维持生态平衡上对华北地区起到重要作用。但随着经济、社会的快速发展及人口数量的不断增多，大清河系受到了不同程度的污染，两岸工业区、养殖场、医院和居民生活区大量未经处理的工业和生活废污水直接排入河道，致使河库水质不断恶化，严重破坏了水系的生态平衡，而未被污染的有限水资源也未得到充分有效的利用。受耕地扩张、居民地和旅游开发建设影响，白洋淀核心湿地面积显著萎缩。地表水严重减少，湿地面积大幅减少，湿地景观破碎、湿地网络不再完整，生物多样性减少等，生态环境的恶化已不利于白洋淀旅游业持续健康发展。因此，亟须对大清河系健康状况进行评估，为后期生态修复和综合整治工作提供科学依据。

二、河湖健康内涵

由于河流在不同区域的基本特征（如规模、类型、时空差异等）、地理条件、基本国情、人类活动以及对人们河湖的价值判断等存在差异，目前对河湖健康内涵的理解仍未达成统一的认识。一方面，强调河湖生态系统自然属性内容的健康，认为河湖仅具有自然属性，河湖健康基本等同于生态系统自然属性的健康；另一方面，除了关注河湖的自然属性，还关注河湖的社会服务价值，认为河湖是一个自然—社会经济复合系统，河湖健康问题源于人类活动的影响，人类对河湖健康问题的研究是为了维护河湖的可持续性，以满足人类社会发展的合理需求。

在国外，许多学者对河湖健康概念给出了不同的定义与解释。1972年的美国"清洁水法令"对河流健康的定义是物理、化学和生物的完整性，其中完整性指维持生态系统自然结构和功能的状态。Schofield提出河流健康是与同一类型河流未受破坏的相似程度，尤其是在生物多样性和生态功能方面；Karr在河流健康评估中引入生态学的基本概念，提出只要河流生态系统当前的使用价值不退化且不影响其他系统,其完整性即使有所破坏,也可认为是健康的。上述研究强调的是河湖生态系统自然属性内容的健康,认为河湖仅具有自然属性,因此河湖健康基本等同于生态系统自然属性的健康。但是河湖往往不是孤立存在的,它与人类社会紧密联系形成一个自然—社会经济复合系统,河湖的健康问题往往源于人类活动的影响,人类对河湖健康问题的研究是为了维护河湖的可持续性,以满足人类社会发展的合理需求。因此 Meyer 和 Vugteveen 随后将河流对人类社会的服务价值纳入河流健康内涵中,认为健康的河流除了能够维持其生态系统结构和功能正常,还需要满足人类与社会的需要和期望。Fairweather 和 Boulton 也认为探讨河流健康内涵时应考虑河流健康的社会、经济和政治等方面,在此基础上提出河流健康的判断应包括生态标准和人类由该系统获得的价值、用途和适宜性。澳大利亚的河流健康委员会认为健康的河流是与环境、社会和经济特征相适应,能够支撑满足社会需求的生态系统、经济行为和社会功能的河流。河湖健康概念应涵盖生态完整性与社会价值,这种观点得到了水利界较多专家和学者的支持,同时在国内各大流域结构也得到了广泛应用。

在国内,关于河湖健康的内涵,有学者认为河流健康应该有两重含义,既有自然意义上的河流健康,即河流自身的健康,也有社会经济意义上的河流健康,即人—水关系的健康。这两种意义上的河流健康是互相联系、互相制约、互相影响的,把它们分开只是为了研究的方便。可以将河流系统的健康定义如下:河流系统的健康是一种特定的系统状态,在该状态下,河流系统在变化着的自然与人文环境中,能够保持结构的稳定和系统各组分间的相对平衡,实现正常的、有活力的系统功能,并具有可持续发展和通过自我调整而趋于完善的能力。董哲仁认为"河流健康"不是严格意义上的科学概念,而是一种河流管理的评估工具,并借鉴国外经验,结合我国国情,提出"可持续利用的生态健康河流"概念,可以作为我国河流管理工作的有用工具。"可持续利用的生态健康河流"作为一种河流管理的目标和评估工具,其概念包含双重含义:一方面要求人们对于河流的开发利用保持在一个合理的程度上,保障河流的可持续利用;另一方面要求人们保护和修复河流生态系统,保障其状况处于一种合适的健康水平上。湖泊健康的定义伴随着河流健康的定义而产生,两者关系一脉相承。

由此可见,随着人类对河湖健康内涵的研究和认识逐渐深入,虽然在其定义上存在一定差异,但始终还是围绕河流、湖泊自身生态系统完整性和社会服务价值两方面来探讨。生态系统完整性反映的是河流、湖泊水文、形态结构、水质、生物等层面功能的完整,生态系统完整性健康与否是河流、湖泊发挥生态和环境功能的体现,属于自然属性范畴;河流、湖泊社会服务层面反映的是对人类经济社会发展的支撑和贡献,是人类开发、利用、保护河流、湖泊并维持其健康的重要目的,社会服务功能健康与否是河流、湖泊发挥社会服务功能的反映,属于社会属性范畴。因此,河湖健康的内涵是河流、湖泊生态系统保持其水文、物理结构、水质、生物等层面功能的完整性并能维持社会服务价值,具有生态、环境和社会服务功能,满足人类社会可持续发展的需求。

第二节 目标任务

根据大清河系的河流水文特征、河床及河滨带形态、水质状况、水生生物特征以及流域经济社会发展特征的相同性和差异性将评估河流分为若干评估河段。对每个河段进行水文、物理结构、水质、生物和社会服务功能五个准则层的评价,完成大清河系健康状况评估工作,掌握大清河系主要河湖健康状况,编制了大清河系主要河湖健康评估。

第三节 工作依据

开展大清河系主要河湖健康评估工作依据如下：

1.《河流健康评估指标、标准与方法（试点工作用）》（水利部水资源司、河流健康评估全国技术工作组，2010）；

2.《湖泊健康评估指标、标准与方法（试点工作用）》（水利部水资源司、河流健康评估全国技术工作组，2010）；

3.《地表水环境质量标准》（GB3838-2002）；

4.《地表水和污水监测技术规范》（HJ/T 91-2002）；

5.《水功能区管理办法》（水资源〔2003〕233号）。

第四节 工作内容与技术路线

一、工作内容

大清河系主要河湖健康评估主要包括研究成果综述、大清河系河湖健康评估体系构建、评估指标获取、大清河系主要河湖健康评估和大清河系生态修复和保护对策五方面内容。

1. 研究成果综述

查阅国内外河湖健康评估相关研究成果及实践。在此基础上，梳理河湖健康评估常用指标，提出评估标准确定依据，介绍指标权重确定方法，为大清河系河湖健康评估体系构建提供基础。

2. 大清河系河湖健康评估体系构建

结合国内外研究进展，参考水利部《河流健康评估指标、标准与方法（试点工作用）》《湖泊健康评估指标、标准与方法（试点工作用）》等技术标准，针对大清河系自身特点，构建大清河系主要河湖健康评估指标体系，包括评估指标、标准和方法。

3. 评估指标获取

通过野外调查、采样监测等方法，获取大清河系主要河湖健康评估指标。根据评估体系的各项评估指标所需数据资料要求，合理布置监测点，分别于非汛期和汛期对大清河系主要河湖物理结构、水质、生物和社会服务功能进行野外调查、采样、监测等工作。

4. 大清河系主要河湖健康评估

基于大清河系主要河湖健康评估指标体系，根据调查监测结果对每个准则层进行赋分，对大清河系的生态完整性及社会服务功能分别评估，最终综合评估大清河系主要河湖的健康状况。

5. 大清河系生态修复和保护对策

根据大清河系主要河湖健康评估结果，分析其不健康的主要表征和主要压力，并提出生态修复和保护对策。

二、技术路线

本项目选取水文水资源、物理结构、水质、生物和社会服务功能 5 个准则层来进行大清河系健康评估工作，按照以下 3 个步骤组织实施：

1. 大清河系水文数据、水资源开发利用数据、防洪监测数据和公共调查数据的收集和数据分析工作。其中，公共调查数据可现场对公众进行问卷调查，根据公众对河流水质、河流景观和美学价值等的满意程度来确定；其他数据来源于各监测站、监测中心日常监测数据。

2. 利用收集的监测、调查数据和遥感影像提取的特征指标信息进行水文水资源指标、物理结构指标、水质指标、生物指标和社会服务功能指标的评价工作。其中物理结构指标主要利用遥感影像提取的特征信息进行评价，水质指标、生物指标评价使用实际调查、监测数据。

3. 综合水文水资源指标、物理结构指标、水质指标、生物指标和社会服务功能指标，采用分级指标评价法对大清河系总体健康状况进行评估，完成大清河系主要河湖健康评估。大清河系主要河湖健康评估总体技术路线如图 1-1。

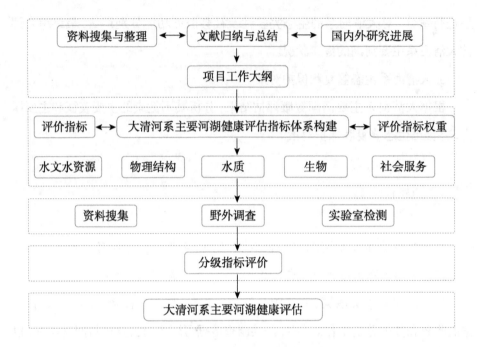

图 1-1 总体技术路线

第二章

研究成果综述

第一节 国内外河湖健康评估进展

一、国外研究进展及实践

1. 国外研究进展

河流健康评估,有学者认为是源于美国"1972年联邦水污染控制法令修正案"之"恢复和维护国家各类水体的化学、物理和生物完整性"目标的提出,自此相继产生了诸如河流状况、河流生态质量、河流生态状况、河流生态完整性、河流系统健康、河流生态系统健康、河流生境状况等概念,以及相应的评价方法或评价指标体系,其中既有政府部门制定的,也有研究机构提出的。

美国联邦环保署在快速生物评估草案(RBP)中以鱼、底栖大型无脊椎动物和附生生物作为评价对象的小型河流和溪流生境评价方法(HASCORE)和生境质量评价指数(QHEI);为保护欧盟所有地表水体和改善水生生态系统状况,《欧盟2000水法令》确定了环境质量标准之河流生态状况类型质量评价;澳大利亚从物理化学、生境等层面建立了河流评价系统;英国淡水生态研究院为评价河流生态质量开发了河流无脊椎动物预测与分类模拟系统(RIVPACS);德国联邦水事务工作小组开发的、分别用于大型河流和中小型河流的栖息地分类与评价方法等。

近30年来,河流健康状况评价的方法学不断发展,形成了一系列各具特色的评价方法,例如RIVPACS、AUSRIVAS、IBI、RCE、ISC、RHP、USHA等。就评价原理而言,可将这些评价方法大致分为预测模型法(Redictive Medel)和多指标评价法(Multimetrics)。国际上主要的河流健康状况评价方法见表2-1。

表 2-1　国际上主要的河流健康状况评价方法

类型	评价方法	内容简介	特点
预测模型法	RIVPCS	利用区域特征预测河流自然状况下应存在的大型无脊椎动物，并将预测值与该河流大型无脊椎动物的实际监测值相比较，从而评价河流健康状况	能较为精确地预测某地理论上应该存在的生物量，但该方法基于河流任何变化都会影响大型无脊椎动物这一假设，具有一定片面性
	AUSRIVAS	针对澳大利亚河流特点，在评价数据的采集和分析方面对 RIVPACS 方法进行了修改，使得模型能够广泛用于澳大利亚河流健康状况的评价	能预测河流理论上应该存在的生物量，结果易于被管理者理解，但该方法仅考虑了大型无脊椎动物，并且未能将水质及生境退化与生物条件相联系
多指标评价法	IBI	着眼于水域生物群落结构和功能，用 12 项指标（河流鱼类物种丰富度、指示种类别、营养类型等）评价河流健康状况	包含一系列对环境状况改变较敏感的指标，从而对所研究河流的健康状况做出全面评价，但对分析人员专业性要求较高
	RCE	用于快速评价农业地区河流状况，包括河岸带完整性、河道宽、深结构、河岸结构、河床条件、水生植被、鱼类等 16 个指标，将河流健康状况划分为 5 个等级	能够在短时间内快速评价河流的健康状况，但该方法主要适用于农业地区，如用于评价城市化地区河流的健康状况，则需要进行一定程度的改进
	ISC	构建了基于河流水文学、形态特征、河岸带状况、水质及水生生物五方面的指标体系，将每条河流的每项指标与参照点对比评分，总分作为评价的综合指数	将河流状态的主要表征因子融合在一起，能够对河流进行长期的评价，从而为科学管理提供指导。但缺乏对单个指标相应变化的反映，参考河段的选择较为主观
	RHS	通过调查背景信息、河道数据、沉积物特征、植被类型、河岸侵蚀、河岸带特征以及土地利用等指标来评价河流生境的自然特征和质量	较好地将生境指标与河流形态、生物组成相联系，但选用的某些指标与生物的内在联系未能明确，部分用于评价的数据以定性为主，使得数理统计较为困难

续表

类型	评价方法	内容简介	特点
多指标评价法	RHP	选用河流无脊椎动物、鱼类、河岸植被、生境完整性、水质、水文、形态七类指标评价河流的健康状况	较好地运用生物群落指标来表征河流系统对各种外界干扰的响应,但在实际应用中部分指标的获取存在一定困难

（1）预测模型法

预测模型法主要基于以下思路:假设河流在无人为干扰条件下理论上应该存在的物种组成与河流实际的生物组成进行比较,从而评价河流的健康状况。具体评价流程为:选取无人为干扰或人为干扰非常小的河流作为参照河流;调查参照河流的物理化学特征及生物组成;建立参照河流物理化学特征与相应生物组成之间的经验模型;调查被评价河流的物理化学特征,并将调查结果代入经验模型,得到被评价河流理论上（河流处于健康状态）应具备的生物组成（E）;调查被评价河流的实际生物组成（O）;O/E 的值即反映被评价河流的健康状况,比值越接近 1 表明该河流越接近自然状态,其健康状况也就越好。RIVPACS 和 AUSR 就是这类方法的代表。但是预测模型法存在一个较大的缺陷,即主要通过单一物种对河流健康状况进行比较评价,并且假设河流任何变化都会反映在这一物种的变化上。因此,一旦出现河流健康状况受到破坏,但并未反映在所选物种变化上的情况,这类方法就无法反映河流真实状况,具有一定的局限性。

（2）多指标评价法

多指标评价法发展过程主要经历了理化参数评价、指示物种的监测与评价,以及最终的综合指标法评价三个阶段。

早在 19 世纪末,英国对泰晤士河和莱茵河的健康状况评价主要通过几项水质指标反映,主要有大肠杆菌、pH 值和溶解氧等。随着河流污染不断加重以及人们认识问题的能力不断提高,水质监测项目也大幅增加。美国 GWQI 指标 (Gregon Water Quality Index) 给出了温度、溶解氧、生化需氧量、总磷、总氮、悬浮物、大肠杆菌和 pH 值等一系列综合指标,旨在通过监测指标的动态变化趋势,找出对河流水质有重要影响的因素。

指示物种法是目前河流生态系统健康评估中比较常用的方法,避免了理化参数监测的局限性和连续取样的烦琐,可以直接监测出河流生态系统发生变化或已经产生影响但尚未显示不良效应的信息。但该法也存在许多缺点和不足,选择不同的研究对象和监测指标会造成不同的评估结果,确定不同生物类群进行评估时的尺度和频率难以确定,在综合评估河流生态系统健康时不全面。美国环保署 (USEPA) 于 1999 年推出新版的快速生物评估协议 (Rapid Bioassessment Protocols,RBPs),给出了河流着生藻类、大型无脊椎动物、鱼类的评价指标与特点,见表 2-2。

表 2-2　指示物种法评估指标及特点

物种	特点	评价指标
着生藻类	处于河流生态系统食物链始端,对污染物反应敏感,生活周期短	藻类丰富度指数 (AAI)、硅藻污染敏感性指数 (IPS)、营养硅藻指数 (TDI)、类属硅藻指数 (GDI) 等
无脊椎动物	生长周期较长,在不同的生境中都有分布,形体易于辨别	底栖生物完整性指数、生物指数、计分制生物指数、连续比较指数、河流无脊椎动物预测和分类系统、河流评价计划、南非计分系统、营养完全指数等
多指标评价法	着眼于水域生物群落结构和功能,用 12 项指标 (河流鱼类物种丰富度、指示种类别、营养类型等) 评价河流健康状况	包含一系列对环境状况改变较敏感的指标,从而对所研究河流的健康状况做出全面评价,但对分析人员专业性要求较高
鱼类	个体大,生活周期长,特定区域的种类组成和鱼寄生虫有无均可反映外界干扰情况	生物完整性指数 (IBI)、鱼类集合体完整性指数 (FAII) 等

综合指标法综合考虑了物理、化学、生物、社会经济等诸多方面的指标，能够反映河湖不同层面和尺度的健康程度。该方法既可以反映河湖生态系统的健康程度，又能反映河湖的社会功能水平，还能反映出河湖生态系统健康变化的趋势。综合指标法评估河湖健康程度的方法比较多，其中比较著名是南非的生境综合评价系统（Integrated Habitat Assessment System, IHAS），该系统涵盖了大型无脊椎动物、底泥、植被以及流量、流速、水温等河流物理条件。澳大利亚自然资源和环境部于 1999 年提出了包括河流水文学、河流形态、河岸带特征、水质和水生生物等指标的评价方法，对澳大利亚 80 多条河流生态系统健康状况进行综合评估。随后世界上许多国家进行了此类研究，评估指标不断增加，主要几种评估方法见表 2-3。

表 2-3 河湖健康评估综合指标法

方法	主要评估指标类别	主要特点
RCE	评估指标包括河道的宽/深结构、河床条件、河岸结构、河岸带完整性、水生植被、鱼类等	可在短时期内快速评估河流健康状态，适用于农业地区的河流健康评估
RHP	评估指标包括水文、河流形态、水质、河岸植被、生境、无脊椎动物、鱼类等	优点是能够较好地用生物群落指标来反映外界对河流的干扰情况。缺点是一些指标不易获取
RHS	评估指标包括河道参数、河岸侵蚀、河岸带特征、植被类型及流域土地利用情况	将河流形态、生境和生物形态串联起来评估河流健康状况。缺点是一些数据很难定量化，而且不同类别指标之间的关系有的很模糊
USHA	指标包括流域地貌、河流等级、降水、河岸稳定性、河道流量、植被覆盖率、植被类型、优势种、河道底质稳定性、水生生物等	优点是从宏观、中观、微观三方面综合对河流健康状况进行评估，比较全面。缺点是该法的指标主要针对新西兰的河流而设置，其他区域的河流评估需要因地制宜做出改变
ISC	指标包括河流水文、河道形态、河岸带状况、水质和水生生物，各项评估指标有对比的参照点	优点是能够对河流进行长期评估，缺点是不同河流的单项指标参照点差异较大，不易确定

续表

方法	主要评估指标类别	主要特点
其他	指标除了河流的自然属性上的指标,还考虑了河流对人类社会的社会服务价值,包括河流健康的社会、经济和政治等方面	将河流对人类社会的服务价值纳入河流健康内涵中,考虑河流健康的社会、经济和政治等方面,在此基础上提出河流健康的判断应包括生态标准和人类由该系统获得的价值、用途和适宜性

2.国外工作实践

随着国际上各国家对河湖健康状况日趋重视,旨在关注河湖健康状况的监测及评估工作随之不断深入,近十年来河湖健康评估已在很多国家开展,目前美国、英国、澳大利亚以及南非等国家都已设计了符合自己区域特色的河流健康状况评估方法及评估体系,并开展了相应的评估实践,取得了一定进展。

（1）美国

USEPA 提出了旨在为全国水质管理提供基础水生生物数据的快速生物监测协议,经过几十年的发展和完善,又出台了新的快速生物监测协议,该协议提供了河流着生藻类、大型无脊椎动物以及鱼类的监测及评价方法标准（Barbour et al,1999）。此外,美国的环境监测和评价项目（Environmental Monitoring and Assessment Programme,EMAP）通过监测反应指标、暴露指标以及压力指标诊断全国河流每年水质状况以及变化趋势,试图找出对水质状况有重要影响的环境因素。

（2）英国

英国评估河流健康状况一个重要举措是河流生境调查（River Habitat Survey,RHS）,即通过调查背景信息、河道数据、沉积物、植被类型、河岸侵蚀、河岸带以及土地利用等指标来评估河流生境的自然特征和质量,并判断河流生境现状与纯自然状态之间的差距。另一个评估实践是 1998 年提出的英国河流保护评价系统（System for Evaluating Rivers for Conversation, SERCON）同样值得关注，该评价系统通过调查评价由 35 个属性数据构成的 6 个层面来确定英国河流的保护价值，包括自然多样性、天然性、代表性、稀有性、物种丰富度以及特殊特征。此外，英国还建立了以河流无脊椎动物预测和分类系统（River Invertebrate Prediction and Classification System, RIVPACS）为基础的河流生物监测系统。

（3）澳大利亚

澳大利亚开展了国家河流健康计划（National River Health Prograrn, NRHP），用于监测和评估河流生态状况，评估现行水管理政策及实践的有效性，并为管理决策提供更全面的生态学及水文学数据，其中用于评估河流健康状况的主要工具就是澳大利亚河流评估系统（Australian River Assessment System, AUSRIVAS）。除此之外，还有溪流状态指数（ISC）评估方法，利用河流水文学、形态特征、河岸带状况、水质及水生生物五方面指标评估河流健康状况，其结果有助于确定河流恢复的目标，评估河流恢复的有效性，引导可持续发展的河流管理。

（4）南非

南非的水事务及森林部（DWAF）发起了"河流健康计划"（RHP），选用河流无脊椎动物、鱼类、河岸植被以及生境完整性、水质、水文、形态等河流生境状况作为河流健康的评估指标，提供了可广泛用于河流生物监测的框架。同年还针对河口地区提出了南非的 EHI 指数（Estuarine Health Index, EHI），即用生物健康指数、水质指数以及美学健康指数来综合评估河口健康状况。此外，南非的快速生物监测计划也发展了生境综合评估系统（Integrated Habitat Assessment System, IHAS），系统中涵盖了与生境相关的大型无脊椎动物、底泥、植被以及河流物理条件。

二、国内研究进展及实践

1. 国内研究进展

国内关于河湖健康的评估研究起步较晚,最近十几年才逐渐从河湖健康视角关注河湖生态系统,逐步在河湖健康评估指标体系、河湖健康状况评估方法学、河流和湖泊的可持续管理等方面开展了一定的工作。

国内河湖健康的理论探讨和方法构建研究进展可以分为三个阶段。初期阶段,多关注河湖健康内涵与评估方法。例如,唐涛等概括了河流生态系统健康概念的含义,详细介绍了以着生藻类、无脊椎动物、鱼类为主要指示生物的河流生态系统健康的评估方法,并提出了河流健康评估方法的发展方向;董哲仁初步探讨了河流健康的内涵、评估方法和原则,并比较了国外河流健康评估技术;耿雷华也从河流的健康内涵出发,立足于河流特性,考虑到河流的服务功能、环境功能、防洪功能、开发利用功能和生态功能,探求了健康河流的评估指标和评估标准。

第二阶段,国内学者在河湖健康内涵的基础上进一步发展了河湖健康评估指标体系及评估方法。例如,张楠等建立辽河流域河流生态系统健康的多指标评价方法;张晶等提出基于主导生态功能分区的河流健康评价全指标体系;张方方等建立基于底栖生物完整性指数的赣江流域河流健康评价方法并应用。

到第三阶段,也即近几年,河湖健康评估研究发展到研究不同类型河湖健康评估方法的实际应用、不同类型区域河湖健康评估方法研究等方面。例如,王勤花等提出干旱半干旱地区河流健康评价指标方法;王蔚等基于投影寻踪—可拓集合理论的河流健康评价方法。为进一步促进水功能区管理和河湖健康评估两种管理制度,王乙震等探讨了基于水功能区划的河湖健康内涵,提出了基于水功能区划的河湖健康评估指标体系的健康河湖特征,阐述了基于水功能区划的河湖健康评估原则。同时,湖泊健康评估的理论、评价方法随河流健康评估在不同阶段的研究应运而生。

2. 国内工作实践

近年来，面对河湖健康问题，随着河湖健康评估方法的不断更新发展，这些方法不断应用于实际河湖健康评估实践中。南京大学于志慧等基于熵权物元模型，对太湖流域若干城市化地区河流进行健康评估；华南师范大学盛萧等基于东江流域底栖无脊椎动物监测数据，使用生物完整性方法（B-IBI）用于东江河流健康评估。环境保护部卫星环境应用中心殷守敬等结合高分辨率遥感影像在岸边带范围提取、生态系统高精度分类、生态结构特征提取方面的优势，将景观结构指数纳入岸边带生态健康评估指标体系，从生态功能、生态结构和生态胁迫三个方面对淮河干流岸边带生态健康状况进行全面调查评估。

我国政府部门也开展了大量实践工作，主要体现流域管理机构层面，自2005年起到2009年，水利部各大流域机构逐步开展了河湖健康评估相关研究工作。水利部长江水利委员会提出维护健康长江，促进人水和谐实施意见，从生态环境功能和服务功能两个角度对长江健康评估指标体系进行研究；水利部黄河水利委员会从理论体系、生产体系、伦理体系等角度研究如何维持黄河健康生命；水利部海河水利委员会在河流生态修复和保护方面进行了系统的调查和研究；水利部松辽水利委员会在湿地补水、改善生态系统方面进行了调查研究。总体而言，该时间段国内河湖健康评估实践侧重于借助物理、化学手段评估河湖状况。

在上述研究基础上，根据水利部《关于做好全国重要河湖健康评估有关准备工作的通知》（资源保函〔2010〕7号）和《关于做好全国重要河湖健康评估（试点）工作的函》（资源保函〔2011〕1号）的要求，自2010年6月起，水利部在全国范围内全面开展河湖健康评估。根据水利部《河流健康评估指标、标准与方法（试点工作用）》和《湖泊健康评估指标、标准与方法（试点工作用）》等技术标准，从水文水资源、物理、水质、生物、社会服务功能五方面对试点河湖进行健康诊断，每个试点河湖评估周期为三年。其中，水利部长江水利委员会先后完成丹江口水库、汉江中下游、鄱阳湖、洞庭湖等河湖的健康评估工作；水利部黄河水利委员会先后完成黄河下游、黄河河口等河流的健康评估工作；水利部淮河水利委员会先后完成淮河干流上中游、沙颍河干流等河流的健康评估工作；水利部海河水利委员会先后完成滦河、漳河、白洋淀、于桥水库、岳城水库、永定河等河湖的健康评估工作；水利部珠江水利委员会先后完成桂江、清水河等河流的健康评估工作；水利部松辽水利委员会先后完成嫩江下游、水利部松花江干流等河流的健康评估工作；水利部太湖流域管理局先后完成虞河、太浦河和新安江等河流的健康评估工作。

在地方各省区市政府机构层面，结合水利部建立的河湖健康评估制度，近几年与流域管理机构同步全面开展河湖健康评估的省、市主要有北京市、天津市、广东省、江苏省、云南省等。北京市主要开展了北京市境内全部山区河流和城市河流的健康评估工作；天津市主要开展北运河、蓟运河、七里海等河湖的健康评估工作；广东省主要开展了珠江三角洲主要河流、惠州市河流、惠阳区河流、木强水库等河湖的健康评估工作；江苏省主要开展了省内主要河流、太湖、洪泽湖、高邮湖、骆马湖等河湖的健康评估工作；云南省主要开展了清水河、五郎河、程海湖等河湖的健康评估工作。

第二节 评估理论及方法

一、评估体系构建

1. 构建基础

河湖健康状况评估指标体系构建的主要理论基础有以下两个：

（1）河湖健康的内涵及其特征

基于以往的研究成果，河湖健康是对河湖生态系统的结构和功能整体状况的全面评估，不仅是河湖管理的基础和主要目标，更为重要的是可以作为河湖管理的一种有效手段。对河湖健康状况内涵及其特征的把握是指标体系构建的研究依据和理论基础。

（2）河湖健康评估的研究进展

河湖健康状况的研究方法较多，理论体系也日趋成熟。目前河湖健康评估指标已经拓展到河湖水文、河湖形态、河（湖）岸带状况、水质理化参数以及河湖生物等众多方面。国内、外关于河湖健康评估研究成果，包括河湖健康状况表征指标、评估方法、评估标准以及实践，都为指标体系的建立奠定了良好的理论和实践基础。

2. 构建原则

（1）导向性原则

河湖健康评估是为未来河湖管理和开发利用服务的，其健康评估指标的选取要具有导向性，既要能够全面反映河湖健康现状，又要体现出河湖生态系统的演化方向，即要充分反映河湖生态系统的发展过程和发展方向。

（2）区域性原则

不同区域的河流特征是不同的，应依据河流所在区域的实际特点合理构建河湖健康综合评估体系，这样才能全面反映该区域河湖的健康状况。

（3）统一管理原则

水质、水量和水生态是河湖管理的三个重要方面，河湖健康评估体系的构建应当促进基于水质、水量和水生态一体的流域水环境管理。

二、评估指标筛选原则

河湖健康评估涉及指标众多，在综合评估河湖健康状况时需要筛选出既能反映全面性又能避免重复性的一些指标。筛选的方法和原则很多，一些代表性的方法如下：

1. 科学性原则

科学性是确保评估结果准确合理的基础。所选的评估指标应反映评估对象的特征，指标概念要准确，内涵要清晰，尽可能减少主观判断，对难以量化的评估因素应采用定性和定量相结合的方法设置指标；指标体系的层次结构应该合理，评估指标应围绕评估目的全面真实反映评估对象，不能遗漏重要方面或有所偏颇。基于现有的科学认知，可以基本判断其变化驱动成因的评估指标，并邀请专家咨询最终确定评估指标。

2. 相关性原则

评估指标体系中各指标之间不应有很强的相关性，各指标应相互独立，指标内涵不应出现重叠。

3. 可获取性原则

评估数据应该可在现有监测统计成果基础上进行收集整理，或采用合理（时间和经费）的补充监测手段可以获取的指标。

4.目标导向性原则

选择评估指标应该能够代表河湖基本特征,各指标应能够反映河湖水资源管理与保护的目标,评价结果应有助于促进河湖水资源管理与保护水平。

三、常用评估指标

河湖是一个包含多种因素的生态系统,应该从多角度、综合性的角度,对其进行综合表征,即应通过合理准确的表征描述合理当前的健康状况,深化对河湖健康状况内涵的理解,从而为河湖健康评估提供科学依据。

陈平等从河道功能、河道稳定、生物量、水质、水量和管理 6 个方面,选择边坡稳定性、耗氧量和管理措施等 14 个指标,建立了南方生态河道评估指标体系。宋晓兰等建立了具有河流水文、河流形态、河岸带状况、水质、河流生物 5 个一级指标以及河岸稳定性、河流护岸形式、溶解氧等 16 个二级指标的河道健康评价指标体系,并对江阴市境内 4 条治理河道进行了评估。

冯彦等通过对 1972—2010 年约 150 篇相关文献、45 个河流健康评价指标体系 902 项指标的整理和归纳,应用统计、层次和相关性分析法,筛选出揭示河流生境物理、水环境、生物和人类活动及用水四类特征的主要指标。河流生境物理指标主要用于表示流域、河道、河岸、河床及底质、河滨带等物理特征,共有参评指标 422 项,去除重复和采用次数小于 2 次的指标后(下同),实际应用指标 56 个。水环境指标包括水文、泥沙和水质要素三类,主要用于反映河流水环境总体状况,共有参评指标 251 项,实际应用指标 39 个。生物指标共有 116 项,实际应用指标 33 个。人类活动及用水指标共有 113 项,实际应用指标 20 个。

在冯彦等人的研究基础上,查阅了 2011—2018 年 40 多篇河湖健康评估实例和国家相关标准和法规等,对河湖健康评估指标进行梳理。通过对各指标采用次数的统计，河流生境物理指标新增 19 个，去除采用次数小于 2 次的指标后（下同），实际应用指标 58 个（新增 2 个）；水环境状况指标新增 22 个，实际应用指标 45 个（新增 6 个）；生物状况指标新增 20 个，实际应用指标 39 个（新增 6 个）；人类活动及用水状况指标新增 17 个，实际应用指标 25 个（新增 5 个）。河流健康评价指标及采用情况见表 2-4。

表2-4 河流健康评价指标及采用情况表

河流生境物理指标			水环境			生物			人类活动及用水指标		
序号	指标	采用次数	序号	指标	采用次数	序号	指标	采用次数	序号	指标	采用次数
1	河岸植被覆盖率	33	1	径流量变化率	25	1	鱼类生物损失指数	11（*）	1	水功能区达标指标	13（*）
2	底质结构	26	2	溶解氧	23	2	底栖动物生物完整性指数	10（*）	2	水资源开发利用指标	12（*）
3	河岸稳定性	21	3	水质达标率	19	3	水生植物覆盖度	9（*）	3	防洪指标	11（*）
4	生境数量与质量	20	4	生态需水/基流量保证率	18	4	水生动物存活状况	8	4	公众满意度指标	11（*）
5	河床稳定性	18	5	盐度/导电率	17	5	流域生物多样性指数	5	5	土地利用	11
6	湿地保留率	16	6	水温	13	6	大型无脊椎动物种数	5	6	防洪工程完善率	11
7	河流连通性	22	7	水体营养化指数	13	7	浮游植物数量	5（*）	7	人工设施造成的生境破碎化	11
8	河道遮阴率	12	8	水深变化	12	8	鱼种数	4	8	城镇供水保证率	10

续表

河流生境物理指标			水环境			生物			人类活动及用水指标		
序号	指标	采用次数	序号	指标	采用次数	序号	指标	采用次数	序号	指标	采用次数
9	流域天然植被覆盖率	12	9	耗氧有机污染状况	12	9	外来鱼种数量	4	9	水资源利用率	8
10	栖息地状况	11	10	输沙变化率	11	10	水生植物种类丰富度	4	10	人类活动强度	8（*）
11	生境单元间连通性	11	11	PH值	11	11	敏感性鱼种数量	3	11	灌溉保证率	6
12	比降	11	12	径流量	11	12	土著鱼种数	3	12	人类活动影响程度	4
13	海拔	10	13	流量过程变异程度	18（*）	13	鱼生物完整性指数	3	13	大坝影响河段长度指标	4
14	流域面积	10	14	生态流量保障程度	15（*）	14	个体异常鱼比重	3	14	单方水GDP	4
15	河谷形态	10	15	浑浊度	8	15	耐受性鱼数量	3	15	通航保证率	3
16	河道稳定性	10	16	流速	8	16	杂食性鱼比重	3	16	生活/生产/生态用水比例	3
17	蜿蜒度	10	17	总磷浓度	8	17	昆虫食性鱼比重	3	17	城市化面积	3

续表

河流生境物理指标			水环境			生物			人类活动及用水指标		
序号	指标	采用次数	序号	指标	采用次数	序号	指标	采用次数	序号	指标	采用次数
18	距河源距离	9	18	碱度	6	18	肉食性鱼比重	3	18	景观价值指标	3
19	平均气温	9	19	平滩流量满足率	6	19	鱼优势度指数	3	19	人口密度	3
20	水面宽变化	8	20	5日生物耗氧量	6	20	敏感性无脊椎动物个体比重	3	20	调节能力指数	3
21	滩槽比	8	21	总氮浓度	6	21	耐受性无脊椎动物个体比重	3			
22	河岸带状况	8(*)	22	水能蕴藏量	5	22	无脊椎动物优势度	3			
23	河流连通阻隔状况	8(*)	23	断流几率	5	23	河流生态系统完整性指数	3			
24	木质碎片量	7	24	水量变化频率	5	24	水生植物关键种组成	3			
25	年平均降水	7	25	重金属状况	5(*)	25	水生植物优势种组成	3			
26	土壤侵蚀	7	26	生态水位满足程度	5(*)	26	浮游植物污生指数(*)	3			

续表

河流生境物理指标			水环境			生物			人类活动及用水指标		
序号	指标	采用次数	序号	指标	采用次数	序号	指标	采用次数	序号	指标	采用次数
27	地质结构	7	27	氨氮	4（*）	27	浮游动物多样性指数（*）	3			
28	河道宽	6	28	COD	4（*）						
29	沙砾/沙坝分布	6									
30	河长	6									

备注：带＊为查阅 2011 ~ 2018 年相关资料新增指标。

四、评估标准确定方法

河湖健康的评估标准具有相对性的特征,不同区域、不同规模和不同类型的河湖,在其生态演替的不同阶段,面对不同的社会期望,其评估标准不尽相同。河湖健康阈值是判断相应指标值代表河湖状态是否健康的重要参数,它直接关系评估结果的可信度。河湖健康阈值一旦确定,河湖健康的标准模式也就可以量化。

综合现有的研究成果,河湖健康评估标准的确定依据以下几个方面:

1. 国家、行业和地方规定的标准和规范。国家标准如地表水环境质量标准(GB3838-2002)、防洪标准(GB50201-1994)、污水综合排放标准(GB897896),以及水利工程影响评估规范等。

2. 根据国家和地方发展规划目标和要求来确定标准。国家和地方的发展规划纲要对发展规模以及配套的各种需求指标和参数,是标准划分的依据之一。

3. 参考国内外已有的科学研究成果判定的生态因子,如科学确定的生物因子和生境因子之间的定性或定量关系。

4. 河湖的历史资料。

5. 类比标准。参考自然环境和社会环境相类似的河湖,以未受干扰、健康程度高的河湖的作为类比标准。

6. 采用专家咨询法确定。

7. 通过公众的参与确定河湖健康的标准,依据公众期望的标准来确定。

以上方法各有优缺点,需要加以判断,综合考虑。国家、行业和地方规定的相关标准和规范具有坚实的理论基础,是首选的评估标准。科学研究成果由于河湖具有时空性,决定了这些结果具有局限性。换个时间和空间,这些标准的适用性值得仔细推敲。河湖原始状况的历史背景资料是理想的评估标准,但由于历史资料难于搜集,记载历史时期和数量有限,很难搜集完整。

第三章

大清河系基本情况

第一节 自然地理

　　大清河系地处海河流域中部，东经 113° 39′ 至 117° 34′ ，北纬 38° 10′ 至 40° 102′ 之间。它西起太行山，东临渤海湾，北临永定河，南界子牙河。河系跨山西、河北、北京、天津四省市，总面积 43060 km²，其中山区 18659 km²，丘陵平原 24401 km²，分别占河系总面积的 43.33% 和 56.67%。

　　大清河系发源于太行山的东麓，上游分为南、北两支。北支为白沟河水系，主要支流有小清河、琉璃河、南拒马河、北拒马河、中易水、北易水等。拒马河在张坊以下分流成为南、北拒马河。北易水和中易水在北河店汇入南拒马河。琉璃河、小清河在东茨村以上汇入北拒马河后称白沟河。南拒马河和白沟河在高碑店市白沟镇附近汇合后，由新盖房枢纽经白沟引河入白洋淀、经新盖房分洪道和大清河故道入东淀。大清河北支白沟镇以上流域面积 10151 km²，其中张坊以上 4820 km²。南支为赵王河水系，由潴龙河（其支流为磁河、沙河等）、唐河、清水河、府河、瀑河、萍河等组成。各河均汇入白洋淀，南支白洋淀以上流域面积 21054 km²。白洋淀为连接大清河山区与平原的缓洪滞洪、综合利用洼淀，淀区面积 366 km²。下游接赵王新河、赵王新渠入东淀。东淀下游分别经海河干流和独流减河入海。在海河干流和独流减河入海口分别建有海河闸和独流减河防潮闸以防潮水倒灌。河源至独流防潮闸长 483 km。大清河系示意图见图 3–1。

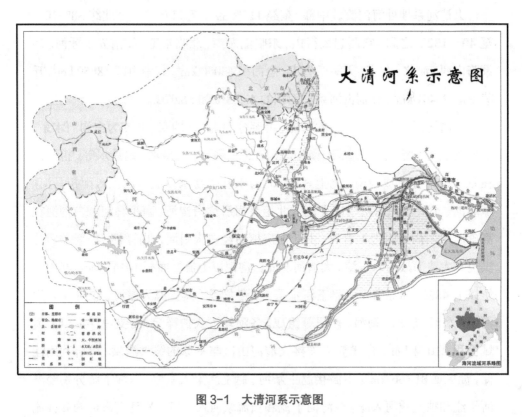

图 3-1　大清河系示意图

第二节 社会经济

大清河系行政上分属山西、河北、北京及天津四省市，尤以河北省所占比例最大。河系内河北省面积 34683 km²，占全河系面积的 80.55%。据 2005 年统计，区域内共有人口 1850 万人，占海河流域总人口的 14%，平均每平方公里 430 人，高于海河流域人口密度。

河系内有耕地 2494 万亩。大清河位于京津地区的南部，在防洪上与北京市、天津市休戚相关。区内主要城市有保定、涿州、霸州及任丘市，有华北及大港两大油田。

该地区气候温和，土地肥沃，物产丰富，临近京津地区，工农业生产发达，交通便利，是我国的重要工农业基地，具有发展经济的优越条件。区域内工业门类齐全，石油、电力、冶金、化工、纺织、机械、电子、建材、食品等工业较为发达，且有华北油田、燕山石油化工总公司及保定胶片厂等国家大型企业。2017年 4 月国务院设立河北省雄安新区，涉及河北省容城、安新、雄县共三县及周边部分区域。雄安新区规划范围在大清河流域的位置图如图 3-2。

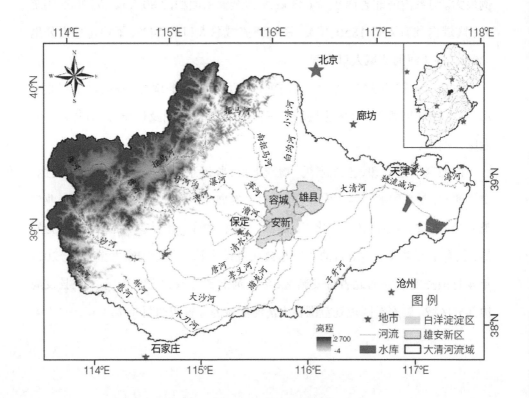

图 3-2　雄安新区规划范围在大清河流域的位置图

第三节 水资源状况

一、水资源量

1. 降水量

2016 年大清河山区面积为 18602 km²，降水量 618.9 mm，折合水量为 115.12 亿 m³，比 2015 年多 9.3%，比多年平均多 5.4%；淀西平原面积为 12449 km²，降水量 546.5 mm，折合水量为 68.04 亿 m³，比 2015 年多 2.8%，比多年平均多 6.9%；淀东平原面积为 14309 km²，降水量 552.3 mm，折合水量为 79.03 亿 m³，比 2015 年多 2.2%，比多年平均多 3.6%。

2. 地表水资源量

地表水资源量是指河流、湖泊等地表水体的动态水量，用天然河川径流量表示。

2016 年大清河流域天然河川径流量为 25.24 亿 m³，折合径流深为 145.1 mm。其中山区天然河川径流量为 19.45 亿 m³，折合径流深为 104.5 mm，比 2015 年多 106.8%，比多年平均少 17.4%；淀西平原天然河川径流量为 0.14 亿 m³，折合径流深为 1.1 mm，比 2015 年少 26.3%，比多年平均少 92.4%；淀东平原大然河川径流量为 5.65 亿 m³，折合径流深为 39.5 mm，比 2015 年多 30.8%，比多年平均少 22.5%。

3. 地下水资源量

地下水资源量是指评价区域内降水和地表水体入渗补给浅层地下水含水层的动态水量。山丘区地下水资源量采用排泄量法计算，包括河川基流量、山前侧渗流出量、山前泉水溢出量、潜水蒸发量及开采净消耗量；平原区地下水资源量采用补给量法计算，包括降水入渗补给量、地表水体入渗补给量、山前侧渗补给量。

2016 年大清河流域地下水资源量为 42.33 亿 m^3，其中山丘区 19.62 亿 m^3，平原区 27.90 亿 m^3，平原区与山丘区地下水重复计算量为 5.19 亿 m^3。

4. 水资源总量

水资源总量是指评价区内当地降水形成的地表、地下产水总量（不包括区外来水量）。

2016 年大清河流域地表水资源量为 25.24 亿 m^3，2016 年大清河流域地下水资源量为 42.33 亿 m^3，地下水资源与地表水资源不重复量为 29.38 亿 m^3，全流域水资源总量为 54.62 亿 m^3，比多年平均值偏多 24.0%，比 2015 年偏少 0.1%。

二、供用水量

1. 供水量

供水量是指各种水源工程为用户提供的包括输水损失在内的毛水量之和，按受水区分地表水、地下水、其他水源（指污水处理回用量、集雨工程供水量和海水淡化供水量）统计，海水直接利用量不计入总供水量。

大清河流域总供水量 60.96 亿 m^3。其中，当地地表水源供水量 18.47 亿 m^3，占 30.3%；跨流域调水水源供水量 8.87 亿 m^3，占 14.6%；地下水源供水量 37.77 亿 m^3，占 62.0%；其他水源供水量 4.72 亿 m^3，占 7.7%，如图 3-3 所示。

在地表水源供水量中，人工载运水量所占比例为 0.5%，蓄、引、提及跨流域调水工程供水量所占比例分别为 7.4%、31.1%、13.0% 和 51.5%。跨流域调水总量为 8.87 亿 m^3，包括引长江水量和引黄河水量。在地下水源供水量中，浅层水、深层水和微咸水供水量所占比例分别为 50.4%、14.1% 和 0.2%。

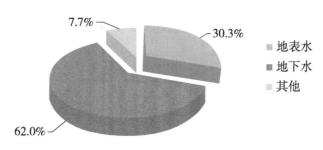

图 3-3 大清河流域供水结构图

2.用水量

用水量是指分配给用户的包括输水损失在内的毛水量,按农业、工业、生活和生态四类用户统计。农业用水包括农田灌溉和林牧渔用水;工业用水为取用的新水量,不包括企业内部的重复利用水量;生活用水包括城镇居民、城镇公共用水和农村居民、牲畜用水;生态用水包括城市环境和部分河湖、湿地的人工补水。

大清河流域总用水量 60.96 亿 m^3,其中农业用水量(含林牧渔畜)36.08 亿 m^3,占 59.2%;工业用水量 9.04 亿 m^3,占 14.8%;城镇公共用水量 0.82 亿 m^3,占 1.3%;居民生活用水量 8.21 亿 m^3,占 13.5%;生态环境用水 5.25 亿 m^3,占 8.6%;其他用水 1.56 亿 m^3,占 2.56%,如图 3-4。

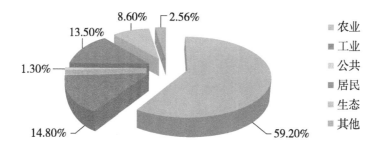

图 3-4 大清河流域用水结构图

第四章

大清河系健康评估指标体系构建

根据全国河湖健康评估体系及大清河系流域特征,构建大清河系健康评估体系。

第一节 评估指标选取

按照水利部水资源司《河流健康评估指标、标准与方法(试点工作用)》《湖泊健康评估指标、标准与方法(试点工作用)》,根据大清河系的特征,充分考虑指标的代表性和可获取性,运用频度分析法和专家咨询法从常用评估指标中筛选出部分指标。最终将流量过程变异程度、河岸带状况、溶解氧等15个指标作为大清河系健康评估指标,将最低生态水位满足程度、湖岸带状况、大型水生生物覆盖度等17个指标作为白洋淀健康评估指标。大清河健康评估指标体系见图4-1,白洋淀系健康评估指标体系见图4-2。

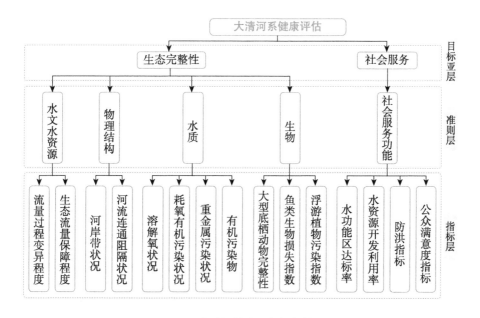

图 4-1 大清河健康评估指标体系

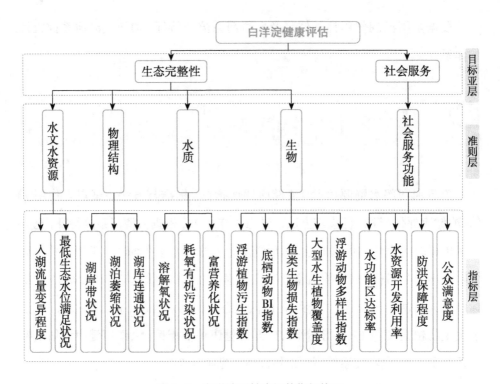

图 4-2　白洋淀系健康评估指标体系

1. 流量过程变异程度

人类活动使天然径流失去了一致性,直接影响了河流水质、水量和水生生物生存环境。流量过程变异程度表现了河流(或进入湖泊)实际流量与天然径流的差异,是反映河湖受人类干扰的重要指标。大清河流域水利设施众多,降雨—径流发生了明显变化,因此将流量过程变异程度作为河湖健康评估指标之一。

2. 生态流量保障程度

生态流量指将河流生态系统状况和功能维持在一定水平所需要的流量或流量过程,生态流量保障程度反映维持河流生态系统的流量变化特征。最近几十年,大清河流域河流流量大幅减少,河道断流、干涸现象时有发生,河流生态遭受严峻挑战,因此将生态流量保障程度作为河湖健康评估指标。

3. 湖泊最低生态水位满足状况

湖泊最低生态水位是生态水位的下限值，是维护湖泊生态系统正常运行的最低水位。自 20 世纪 80 年代以来，受人类活动和气候影响，大清河流域天然入淀水量急剧减少，多次出现干淀。为了防止白洋淀连年干淀，近年来实施了一系列补水措施，为白洋淀生态补水提供重要稳定水源。水位下降、干淀导致湖泊水生态系统退化、生物多样性减少及与此系统相关的资源枯竭等，因此将湖泊最低生态水位满足状况作为白洋淀健康评估指标。

4. 河岸带状况

河岸带处于水体与岸带交界线以上区域，将陆生和水生生态系统紧密联系起来，是河流生态系统与陆地生态系统进行物质、能量、信息交换的重要过渡带，对河流生态系统具有一定的屏障功能。反映河岸带综合状况的主要因子包括岸坡稳定性、植被结构完整性、植被覆盖度、河道护岸类型、人类活动强度等。其中，岸坡稳定是河岸带生态系统功能发挥的前提，如果护岸结构损坏或护岸物理结构不稳定，出现侵蚀、滑坡、土质松动等现象，会导致大量泥沙和沉积物污染阻塞河道，影响河流和河岸带生态系统的稳定；植被覆盖度表征河流水陆交界处的植被覆盖状况，植被覆盖率高意味着有较多的根系和枯落物来截留和过滤地表径流中所携带的沉积物和污染物，植被越密集，过滤效果越好，对河流邻近陆地给予河流胁迫压力的缓冲作用越明显；人类活动强度反映人类活动对河岸带的干扰状况。大清河流域部分河流由于常年干涸、断流，人类活动较为频繁。基于河（湖）岸带的重要性以及岸坡、河岸植被和人类活动对生态系统的影响，故将河（湖）岸带状况作为河湖健康评估指标，通过岸坡稳定性、植被覆盖度和人类活动强度进行评价。

5. 湖泊萎缩状况

历史上白洋淀水域面积广阔，但是由于受到气候变化、修建水库、抽取地下水等自然因素和人类活动的影响，白洋淀的湖面面积由新中国成立初期的

576.6 km² 减少为 20 世纪 80 年代的 366.0 km²（按十方院大沽高程 10.5 m 水位计）。1963 年大洪水在白洋淀湿地范围的实际滞洪区域面积为 457.8 km²，2015 年卫星遥感监测显示核心湿地面积为 208.6 km²。白洋淀萎缩情况十分严重，因此选湖泊萎缩状况作为白洋淀健康评估指标。

6. 河流连通阻隔状况

河流连通阻隔状况主要用来评估河流对鱼类等生物物种迁徙及水流与营养物质传递阻断状况。大清河系建有西大洋、安各庄、王快、口头、横山岭和龙门 6 座大型水库，同时土坝、拦水坝、漫水坝、水闸等拦水设施众多，使得河流纵向连续性遭到严重破坏，进入湖泊水量受到拦截，不断减少，引发水环境问题。因此将河流连通阻隔状况和河湖联通状况指标作为河湖健康评估指标。

7. 溶解氧状况

溶解氧对水生动植物十分重要，过高和过低的溶解氧对水生生物均造成危害，适宜值为 4—12 mg/L。溶解氧浓度太低，天然河湖自净能力减弱，水体中的厌氧菌就会很快繁殖，有机物腐烂，水体变黑、发臭。根据《国务院关于印发水污染防治行动计划的通知》对消除黑臭水体的治理要求，将河流溶解氧状况作为河湖健康评估指标之一。

8. 耗氧有机污染状况

耗氧有机物指的是在水体中降解需要消耗溶解氧的一类有机污染物的统称。当水体中耗氧有机物浓度过高时，需氧微生物将其分解时需要大量的氧气，导致水体溶解氧浓度急剧降低，好氧微生物无法生存，厌氧微生物则大量繁殖，造成水体水质恶化，水生生物生存困难。目前我国水防治正处于耗氧有机物和富营养物质的污染防治阶段，我国十大水系水质普遍受到耗氧有机物的不同程度的污染。因此将河湖耗氧有机污染状况作为河湖健康评估指标之一。

9. 重金属污染状况

重金属是自然界中危害较重的一类污染物，由于其危害持久性、较强的生物毒性及生物链的富集放大效应等多种危害而备受关注。重金属进入水体后，除小部分游离于水体，绝大部分可以通过与沉积物中的有机物、黏土矿物和硫化物等的络合作用吸附于沉积物中，当环境因素（如 pH、Eh、生物扰动等）发生变化时，沉积物中重金属会释放进入水体中，造成水体二次污染。近十年来，随着社会经济的快速发展，城市化和工业化进程加速，工业废水与生活污水排放量增多，其携带的重金属污染物通过直接排放、大气沉降、地表径流等地球化学过程最终汇集到河流、湖泊等地表水环境中，造成严重危害。因此将重金属污染状况作为河湖健康评估指标之一。

10. 富营养化状况

随着工农业的迅猛发展以及城市化进程的加快，人类对环境的污染日益严重，大量的氮磷等营养物质进入水体并在水中不断的积累，在湖泊水库等相对封闭的水体内导致了水体的富营养化，对人类的生产及生活造成了严重的影响。近年来，受自然因素和人为活动干扰，入白洋淀水量锐减，多条入淀河流均出现季节性断流，主要依靠流域内调水和引黄河水。淀区污染状况严重，且以有机污染为主，总体营养状态为中营养—富营养，频繁出现干淀、水质污染、生物多样性减少、生态结构缺失等生态环境问题。因此将富营养化状况作为湖泊健康评估指标之一。

11. 有机污染物

有机污染物多环芳烃、有机氯农药（六六六类、滴滴涕类）等有机物的检测，目前评价标准暂不健全，仅少种类有水质评价标准或半致死量，无法将其作为评估标准，故未将有机物纳入评估体系，在本次评价中仅作为参考。

12. 浮游植物污生指数

浮游植物作为水生态系统的重要组成部分，其物种组成和数量与水质状况密切相关。因此将浮游植物污生指数作为湖泊健康评估指标之一。

13. 大型底栖动物完整性指数

底栖动物是水生生态系统中重要的定居动物代表类群，它影响着水生态系统中营养物质的分解与循环，对环境变化反应敏感，当水体受到污染时，该生物类群的群落结构将发生明显变化，是河湖水质状况监测常用的重要指标。底栖动物完整性指数是对所研究生态系统的完整性进行表征，反映其生物的结构、功能及生物生存环境在受到干扰后，以其反应敏感的生物参数对生态系统进行评价的一种评价方法。该指数可从生物类群的组成和结构两方面反映生态系统的健康状况，通过定量描述生物特性与非生物因子的关系，建立起来的对环境干扰最敏感的生物参数，这些生物参数主要包括反映群落丰度的指标，反映生物耐污能力的指标，反映生物营养状况的指标等，由此更加客观、科学地反映河湖的生态完整性和健康状况。因此，将底栖动物完整性指数作为河湖健康评估指标之一。

14. 鱼类生物损失指数

鱼类是具有一定的种类组成，与环境之间彼此影响、相互作用，具有一定的形态结构和营养结构，并具特定功能的生物集合体，是水生生态系统中较高级的消费者。水工建设、过度捕捞、水体污染等因素导致生态环境恶化，鱼类群落组成受到影响，进而使河湖生态系统功能受到影响。鱼类损失指数可以从侧面反映出流域水体环境的变化。因此，将鱼类损失指数作为河湖健康评估的指标之一。

15. 大型水生植物覆盖度

大型水生植物是湖滨带的重要组成部分，为鱼类及底栖生物提供适宜的物理栖息境。因此，将大型水生植物覆盖度作为湖泊健康与否的重要生态指标。

16. 浮游动物多样性指数

浮游动物是浮游生物的一部分，在淡水生态系统中起着重要的作用。作为浮游水生生态系统的初级消费者，浮游动物不仅是水体生态系统食物链中的重要环节,在物质转化、能力流动和信息传递等生态过程中更起着至关重要的作用,其种类和数量变化影响其他水生生物的分布和丰度,而且浮游动物与水体质量密切相关。很多浮游动物对水环境的变化非常敏感,水环境的变化直接影响其群落结构和功能,部分浮游动物还能积累和代谢一定量的污染物质,起着净化水质的作用。因此选取浮游动物多样性指数作为重要的生态指标。

17. 水功能区达标率

为加强水资源管理与保护,2012 年国务院批复了水利部会同国家发展和改革委员会、环境保护部拟定的《全国重要江河湖泊水功能区划(2011—2030年)》,为全面落实最严格水资源管理制度,做好水资源开发利用与保护、水污染防治和水环境综合治理工作提供了重要依据。水功能区管理对河湖水资源管理与保护具有重要的作用,因此将水功能区达标率作为河湖健康评估的指标之一。

18. 水资源开发利用率

水资源开发利用率表达流域经济社会活动对水量的影响,反映流域的开发程度和社会经济发展与生态环境保护之间的协调性。国际上一般认为,对一条河流的开发利用不能超过其水资源量的 40%,若超过 40% 的生态警戒线,会严重挤占生态流量,水环境自净能力锐减。将水资源开发利用指标作为河湖健康评价的指标,有助于进一步加强水资源统一管理,促进水资源优化配置,确保水资源可持续利用。

19. 防洪保障程度

大清河流域已基本建成较为完善的防洪体系,各大河流均建有防洪大堤,防洪功能是不可缺少的部分,因此将防洪保证程度作为河湖健康评估的指标之一。

20. 公众满意度

公众满意度是反映公众对评估河湖水质、景观、美学价值等的满意程度,河湖与人类生产活动息息相关,因此将公众满意度作为河湖健康评估的指标之一。

大清河流域河湖健康评估中水文水资源、物理结构、水质、生物和社会服务功能准则层各评估指标获取方法及赋分标准主要参考水利部水资源司《河流健康评估指标、标准与方法（试点工作用）》和《湖泊健康评估指标、标准与方法（试点工作用）》，具体内容如下：

一、水文水资源

1. 流量过程变异程度（河流评估指标）

定义及内涵：流量过程变异程度指现状开发状态下，评估河段逐年实测径流过程与天然年径流过程的差异。反映评估河段监测断面以上流域水资源开发利用对评估河段河流水文情势的影响程度。

指标表达：流量过程变异程度由评估年逐年实测径流量与天然年径流量的平均偏离程度表达，计算公式如下：

$$FD = \left\{ \sum_{m=1}^{N} \left[\frac{q_m - Q_m}{\overline{Q_m}} \right]^2 \right\}^{\frac{1}{2}}, \quad \overline{Q_m} = \frac{1}{N} \sum_{m=1}^{N} Q_m$$

式中：m 为评估年，N 为评估总年数，q_m 为评估年实测年径流量，Q_m 为评估年天然年径流量，$\overline{Q_m}$ 为评估年天然年径流量年均值。

指标赋分：流量过程变异程度越大，说明天然水文情势下人为对河流的影响越大。如果计算的流量过程变异程度在某区间段内，则通过线性插值法计算赋分，如表4-1。

表 4-1 流量过程变异程度指标赋分表

FD	赋分
≤ 0.05	100
0.1	75
0.3	50
1.5	25
3.5	10
≥ 5	0

指标获取: 通过水文年鉴查取实测径流量数据,天然径流量按照水资源调查评估相关技术规范得到的还原量。

2. 入湖流量变异程度(湖泊评估指标)

定义及内涵: 入湖流量过程变异程度指环湖河流入湖实测月径流量与天然月径流过程的差异。反映评估湖泊流域水资源开发利用对湖泊水文情势的影响程度。

指标表达: 入湖流量变异程度由评估年入湖河流逐月实测径流量之和与天然月径流量的平均偏离程度表达。计算公式如下:

$$\text{IFD} = \left\{ \sum_{m=1}^{12} \left[\frac{q_m - Q_m}{\overline{Q_m}} \right]^2 \right\}^{\frac{1}{2}}$$

$$Q_m = \sum_{n=1}^{N} Q_n$$

$$q_m = \sum_{n=1}^{N} q_n$$

$$\overline{Q_m} = \frac{1}{12} \sum_{n=1}^{12} Q_m$$

式中：q_n 为评估年每条入湖河流的实测月径流量，q_m 为评估年所有入湖河流实测月径流量，N 为环湖湖泊中入湖河流数量；Q_n 为评估年每条入湖河流的天然月径流量，Q_m 为评估年所有入湖河流天然月径流量，$\overline{Q_m}$ 为评估年天然月径流量年均值，天然径流量按照水资源调查评估相关技术规划得到的还原量。

指标赋分：入湖流量过程变异程度越大，说明相对天然水文情势的湖泊水文情势变化越大，对湖泊生态的影响也越大。指标赋分与流量过程变异程度相同。

指标获取：通过水文年鉴查取实测径流量数据，天然径流量按照水资源调查评估相关技术规划得到的还原量。

3. 生态流量保障程度（河流评估指标）

定义及内涵：河流生态流量是指达到河流功能目标所需要的流量（或水量），生态流量保障程度指河道流量（或水量）达到或满足生态流量的程度。指标赋分如表 4-2 所示。

表 4-2　河道内生态环境状况对应流量百分比表

不同流量百分比对应河道内生态环境状况等级	同时段多年平均天然流量所占百分比（%）	赋分
最大	200	100
最佳	60—100	100
极好	40	100
非常好	30	100
好	20	80
中	10	40
差	10	20
极差	0—10	0

指标获取：对于水体连通和生境维持功能的河段，要保障一定的生态基流，原则上采用 Tennant 法计算，取多年平均天然径流量的 10%—30% 作为生态水

量,山区河流原则上取 15%—30%,平原河流 10%—20%;对于水质净化功能的河流,同于水体连通功能河段,不考虑增加对污染物稀释水量;对景观环境功能的河段,采用草被的灌水量或所维持的水面部分用槽蓄法计算蒸发渗漏量;有出境水量规划的河流,生态水量与出境水量方案相协调。

4.湖泊最低生态水位满足状况(湖泊评估指标)

定义及内涵:湖泊最低生态水位满足状况指湖泊水位达到湖泊生态系统正常运行的最低水位的程度。

指标表达:分别计算年内 365 日日均水位、3 日平均水位、7 日平均水位、14 日平均水位、30 日平均水位和 60 日平均水位是否满足最低生态水位要求。

指标赋分:根据湖泊最低生态水位满足状况值,参照"湖泊标准"中湖泊最低生态水位满足程度评价标准表进行赋分,见附表 4-3。

表 4-3 湖泊最低生态水位满足程度评价标准表

评价指标	赋分
年内 365 日日均水位高于最低生态水位	90
日均水位低于最低生态水位,但 3 日平均水位不低于最低生态水位	75
3 日平均水位低于最低生态水位,但 7 日平均水位不低于最低生态水位	50
7 日平均水位低于最低生态水位	30
14 日平均水位不低于最低生态水位	20
30 日平均水位不低于最低生态水位	10
60 日平均水位不低于最低生态水位	0

指标获取:湖泊最低生态水位采用相关湖泊管理法规定性文件确定的最低运行水位、天然水位资料法、湖泊形态法、水生生物空间最小需求法等方法来确定。

二、物理结构

1.河（湖）岸带状况（河流、湖泊评估指标）

通过植被覆盖度、地表裸露度和人类活动强度评价河岸带状况，通过植被覆盖度、岸坡稳定性和人类活动强度评价湖岸带状况。

（1）植被覆盖度

定义及内涵：植被覆盖度通常指植被（包括叶、茎、枝）冠层垂直投影面积占基准地表单位面积的比例或百分数。

指标表达式：基于归一化植被指数（NDVI）进行提取，其计算公式为：

$$NDVI = \frac{NIR-Red}{NIR+Red}$$

式中，NIR和Red分别为遥感影像的近红外和红外波段反射率。

指标赋分：将植被覆盖度划分成5个等级并赋予相应的分数，计算的植被覆盖度在某区间段内，则通过线性插值法计算赋分，如表4-4。

表4-4　植被覆盖度指标评估赋分标准表

评价指标	植被覆盖度	
	说明	赋分
0%—10%	植被覆盖稀疏	0—25
10%—40%	植被中度覆盖	25—50
40%—75%	植被高度覆盖	50—75
＞75%	植被极高度覆盖	75—100

指标获取：通过地面实测和遥感信息获取植被覆盖度信息。

（2）地表裸露度

定义及内涵：主要调查监测点因石漠化、水土流失等造成的周边土地裸露的程度。

指标赋分：根据监测点及周边地表裸露的程度，赋相应的分值，如表4-5。

表4-5 地表裸露度指标评估赋分标准

评价指标	植被覆盖度	
	说明	赋分
0%	地表裸露程度极小	100
0%—10%	地表裸露程度较小	75—100
10%—40%	地表裸露程度适中	50—75
40%—75%	地表裸露程度较大	25—50
>75%	地表裸露程度极大	0—25

指标获取：建议通过调查、咨询、资料查阅、现场查勘的方法获取岸坡状况资料。

（3）人类活动强度

定义及内涵：人类活动强度指人类活动对河岸带生态系统的干预程度。

指标表达：通过分析白洋淀、大清河主要河流内建设用地、交通用地、裸地、河滩地、农业用地、草地、林地、水体等不同土地利用类型，进行人类活动强弱等级划分，通常情况下建设用地、交通用地人类活动较为频繁，如表4-6。

表4-6 人类活动强度赋值表

类型	建设用地	交通用地	裸地	河滩地园地	农业用地	草地	林地	湿地植被	水体
人类活动强度（%）	90	90	70	50	50	20	20	0	0

指标赋分：根据土地利用类型，取各断面人类活动强度的均值，将人类活动强度划分成5个等级并赋予相应的分数，如表4-7。

表 4-7　人类活动强度指标评估赋分标准表

评价指标	植被覆盖度	
	说明	赋分
0%—10%	人类活动影响较小	75—100
10%—40%	人类活动影响适中	50—75
40%—75%	人类活动影响较大	25—50
> 75%	人类活动影响极大	0—25

指标获取：通过地面实测和遥感信息提取获取人类活动强度信息。

（4）岸坡稳定性

定义及内涵：岸坡稳定性指岸坡在一定坡高、坡角、基质等条件下的稳定程度，通过岸坡倾角、植被覆盖、岸坡高度、河岸基质、坡脚冲刷强度等进行评估。

指标表达式：根据以下公式进行计算

$$BKSr = \frac{SAr + SCr + SHr + SMr + STr}{5}$$

式中，$BKSr$ 岸坡稳定性指标赋分，SAr 岸坡倾角分值，SCr 岸坡覆盖度分值，SHr 岸坡高度分值，SMr 河岸基质分值，STr 坡脚冲刷强度分值。

指标赋分：根据岸坡特征和河岸总体特征情况，赋相应的分值，如表 4-8 所示。

表 4-8　湖、库岸稳定性评估分指标评估赋分标准表

岸坡特征	稳定	基本稳定	次不稳定	不稳定
分值	100	75	25	0
斜坡倾角（度）（<）	15	30	45	60

续表

类型	评价方法	内容简介	特点	不稳定
植被覆盖率（％）（＞）	75%	50%	25%	0%
斜坡高度（米）（＜）	1	2	3	5
基质（类别）	基岩	岩土河岸	黏土河岸	非黏土河岸
河岸冲刷状况	无冲刷迹象	轻度冲刷	中度冲刷	重度冲刷
总体特征描述	近期内河（湖、库）岸不会发生变形破坏，无水土流失现象	河（湖、库）岸结构有松动发育迹象，有水土流失迹象，但近期不会发生变形和破坏	河（湖、库）岸松动裂痕发育趋势明显，一定条件下可导致河岸变形和破坏，中度水土流失	河（湖、库）岸水土流失严重，随时可能发生大的变形和破坏，或已经发生破坏

指标获取：建议通过调查、咨询、资料查阅、现场查勘的方法获取岸坡状况资料。

2. 湖泊萎缩状况（湖泊评估指标）

定义及内涵：湖泊萎缩状况指评估年湖泊水面面积与历史参考水面面积的差异，反映湖泊水量变化情况，用萎缩比例表示。

指标表达：萎缩比例（ASR）计算公式如下：

$$ASR = 1 - \frac{Ac}{Ar}$$

式中，Ac 为评估年湖泊水面面积，Ar 为历史参考水面面积。

指标赋分：将萎缩比例划分成 5 个等级，并赋予相应的分数，如表 4-9。

表 4-9　湖泊萎缩状况赋分表

湖泊面积萎缩比例（%）	赋分	说明
5	100	接近参考状况
10	60	与参考状况有较小差异
20	30	与参考状况有中度差异
30	10	与参考状况有较大差异
40	0	与参考状况有非常大差异

指标获取：通过遥感影像解译或查水位—水面积—容量关系曲线，获取湖泊水面面积数据。

3. 河流连通阻隔状况（河流评估指标）

定义及内涵：河流连通阻隔状况是指监测断面以下至河口（干流、湖泊、海洋）河段的闸坝情况，反映水利工程对鱼类等生物物种迁徙及水流与营养物质传递阻断状况，分为完全阻隔、严重阻隔、阻隔和轻度阻隔四类情况。完全阻隔，即断流；严重阻隔即无鱼道、下泄流量不满足生态基流要求；阻隔即无鱼道、下泄流量满足生态基流要求；轻度阻隔即有鱼道、下泄流量满足生态基流要求。

指标表达式：对评估断面下游河段每个闸坝按照阻隔分类情况分别赋分，然后取所有闸坝的最小赋分作为该河段河流连通阻隔状况赋分，按照下式计算评估断面以下河流连通阻隔状况赋分。

$$RCr = Min[(DAMr)_i , (GATEr)_j]$$

式中，RCr 为河流连通阻隔状况赋分；$(DAMr)_i$ 为评估断面下游河段大坝阻隔赋分（$i=1, NDam$，$NDam$ 为下游大坝座数）；$(GATEr)_j$ 为评估断面下游河段水闸阻隔赋分（$j=1, NGate$，$NGate$ 为下游水闸座数）。指标赋分如表4-10。

表 4-10 闸坝阻隔赋分表

阻隔类型	鱼类迁徙阻隔特征	水量及物质流通阻隔特征	赋分
轻度阻隔	无阻隔	对径流没有调节作用	100
阻隔	有鱼道,且正常运行	对径流有调节,下泄流量满足生态基流	75—100
严重阻隔	无鱼道,对部分鱼类迁徙有阻隔作用	对径流有调节,下泄流量不满足生态基流	25—75
完全阻隔	迁徙通道完全阻隔	部分时间导致断流	0

指标获取: 采用遥感监测与调查相结合的方法,获取大清河流域各主要河流上大坝、河流拦水坝、橡胶坝和水闸的数量。

4. 湖库连通状况（湖泊评估指标）

定义及内涵: 湖库连通状况指湖库与出入湖库河流的连通性,反映湖库与湖库所在流域的水循环健康状况。

指标表达式: 根据环湖（库）主要入湖河流和出湖河流与湖泊之间的水流畅通程度进行评估。湖库连通指标赋分按照以下公式计算

$$RFC = \frac{\sum_{n=1}^{Ns} W_n R_n}{\sum_{n=1}^{Ns} R_n}$$

$$R_n = \frac{R_{in}}{1 - D_{ir}}$$

式中:RFC 为湖库连通指数赋分;Ns 为环湖主要河流数量;R_n 为第 n 条河流的地表水资源量（万 m^3/a）,入湖河流的水量为评估年该条河流的地表水资源量;W_n 为环湖河流干涸程度赋分,监测断面起止监测点范围内常年干涸的河段长度与监测断面代表河长的比值表示河流干涸程度;R_{in} 为实际入淀流量,D_{ri}

为河流干涸程度。

指标赋分: 将河流干涸程度情况划分成 5 个等级并赋予相应的分数,干涸程度指标赋分见表 4-11。根据计算的湖库连通指数赋分,将湖库连通情况划分为 5 个等级,见表 4-12。

表 4-11　河流干涸程度指标评估赋分标准

河流干涸程度(%)	说明	赋分
> 75	河道干涸	0—25
40—75	河道水量较少	25—50
10—40	河道水量中等	50—75
0—10	河道水量较多	75—100

表 4-12　湖库连通性评价标准

等级	赋分范围	说明
1	80—100	连通性优
2	60—80	连通性良好
3	40—60	连通性一般
4	20—40	连通性差
5	0—20	连通性极差

指标获取: 基于遥感影像目视解译的方法提取河道干涸河段及长度,并经实地考察进行验证。

三、水质

1.溶解氧状况(河流、湖泊评估指标)

定义及内涵: 溶解于水中的分子态氧称为溶解氧,通常记作 DO,用每升水里氧气的毫克数表示。水中溶解氧的多少是衡量水体自净能力的一个指标。

指标表达式:将各监测断面溶解氧检测浓度分汛期和非汛期分别进行赋分,取均值作为该项赋分。

指标赋分:依据地表水环境质量标准(GB3838-2002)进行赋分评估,如表4-13。

表4-13 溶解氧状况指标赋分标准表

项目	浓度(mg/L)					
DO(mg/L)(>)	饱和率90%(或7.5)	6	5	3	2	0
DO指标赋分	100	80	60	30	10	0

指标获取:采用取样监测的方法获取溶解氧浓度。

2. 耗氧有机污染状况(河流、湖泊评估指标)

定义及内涵:耗氧有机污染物指导致水体中溶解氧大幅度下降的有机污染物。高锰酸盐指数、化学需氧量、五日生化需氧量、氨氮四项指标为河流耗氧污染状况评估指标。

指标表达式:根据高锰酸盐指数、化学需氧量、五日生化需氧量、氨氮检测浓度,按汛期和非汛期分别赋分,取其最低分为水质项目的赋分,取四个水质项目赋分的平均值作为耗氧有机污染状况赋分。

耗氧有机污染状况赋分计算公式如下:

$$OCPr = \frac{(NH_3Nr + COD_{Mn}r + BOD_5r + CODr)}{4}$$

式中,$OCPr$ 为耗氧有机污染状况赋分值,NH_3Nr 为氨氮赋分,$COD_{Mn}r$ 为高锰酸盐指数赋分、BOD_5r 为五日生化需氧量赋分、COD_5r 为化学需氧量赋分。

指标赋分:依据地表水环境质量标准(GB3838-2002)进行赋分评估,如表4-14。

表 4-14　耗氧有机物污染状况指标赋分标准表

项目	浓度（mg/L）				
高锰酸盐指数（mg/L）	2	4	6	10	15
化学需氧量（mg/L）	15	17.5	20	30	40
五日生化需氧量（mg/L）	3	3.5	4	6	10
氨氮（mg/L）	0.15	0.5	1	1.5	2
赋分	100	80	60	30	0

指标获取：采用取样监测的方法获取高锰酸盐指数、化学需氧量、五日生化需氧量、氨氮浓度。

3. 重金属污染状况（河流评估指标）

定义及内涵：重金属污染是指含有汞、镉、铬、铅及砷等生物毒性显著的重金属元素及其化合物对水的污染。选取砷、汞、镉、铬（六价）、铅 5 项作为水体重金属污染状况评估指标。

指标表达式：根据砷、汞、镉、铬（六价）、铅检测浓度，按汛期和非汛期分别评估赋分，取其最低分为水质项目的赋分，再取 5 个重金属指标赋分的最低值作为重金属污染状况赋分。

指标赋分：依据地表水环境质量标准（GB3838-2002）进行赋分评估，如表 4-15。

表 4-15　重金属污染状况指标赋分标准表

项目	浓度（mg/L）		
砷	0.05	0.075	0.1
汞	0.00005	0.0001	0.001
镉	0.001	0.005	0.01
铬（六价）	0.01	0.05	0.1

续表

项目	浓度（mg/L）		
铅	0.01	0.05	0.1
赋分	100	60	0

指标获取： 采用取样监测的方法获取砷、汞、镉、铬（六价）、铅浓度。

4. 富营养化状况（湖泊评估指标）

定义及内涵： 富营养化现象是指天然水体中由于过量营养物质的排入，引起各种浮游生物的异常繁殖和生长，导致水质恶化和生物群体的破坏，用营养状态指数进行评价，主要评估指标为总磷、总氮、叶绿素 α、高锰酸盐指数和透明度，其中叶绿素 α 为必评项目。该指标主要适用于湖泊。

指标表达式： 富营养化指数计算与评价采用指数法，营养状况指数计算公式如下：

$$EI = \frac{\sum\limits_{n=1}^{N} En}{N}$$

式中：EI 为营养状况指数；En 为评价项目赋分值；N 为评价项目个数。

指标赋分：按照上述公式，参照"湖泊标准"中表进行分级，确定出 EI 值，再根据赋分标准进行评估赋分，如表 4-16 和表 4-17。

表 4-16 湖库富营养化指数标准表

营养状态分级 (EI = 营养状态指数)	评估项目赋分值 (En)	总磷 (mg/L)	总氮 (mg/L)	叶绿素 (α) (mg/L)	高锰酸盐指数 (mg/L)	透明度 (m)
贫营养 (0 ≤ EI ≤ 20)	10	0.001	0.020	0.0005	0.15	10
	20	0.004	0.050	0.0010	0.4	5.0

续表

营养状态分级 (EI= 营养状态指数)		评估项目 赋分值 (En)	总磷 (mg/L)	总氮 (mg/L)	叶绿素 (α) (mg/L)	高锰酸 盐指数 (mg/L)	透明度 (m)
中营养 （20＜EI≤50）		30	0.010	0.10	0.0020	1.0	3.0
		40	0.025	0.30	0.0040	2.0	1.5
		50	0.050	0.50	0.010	4.0	1.0
富营养	轻度富营养 （50＜EI≤60）	60	0.10	1.0	0.026	8.0	0.5
	中度富营养 （60＜EI≤80）	70	0.20	2.0	0.064	10	0.4
		80	0.60	6.0	0.16	25	0.3
	重度富营养 （80＜E≤100）	90	0.90	9.0	0.40	40	0.2

表 4-17 湖泊营养化状况评估赋分标准表

营养状态分级 (EI = 营养状态指数)	10	42	45	50	60	62.5	65	70
湖库富营养化指数赋分	100	80	70	60	50	30	10	0

指标获取： 采用取样监测的方法获取总磷、总氮、叶绿素 α、高锰酸盐指数和透明度等数据。

四、生物

1.定义及内涵： 浮游植物污生指数是根据浮游植物指示种及相应数量的多寡来进行生物学评价的指数。

指标表达式： 污生指数 S 计算公式：

$$S = \frac{\sum h \times s}{\sum h}$$

式中:S 为群落的污生指数,s 为某种指示生物的污生指数取值。

取值:寡营养型(os)=1,中营养型(βm)=2,富营养型(am)=3,富营养重污型(ps)=4。

h 为该种生物的个体丰度,可用等级表示:1 级为个体丰度极少,2 级为个体丰度少,3 级为个体丰度较多,4 级为个体丰度多,5 级为个体丰度极多。

指标赋分:污生指数 S 判断标准:1.0—1.5 为轻污带,1.5—2.5 为中污带,2.5—3.5 为重污染,3.5—4.0 为严重污染,如表4-18。

表 4-18　浮游植物污染指数赋分标准表

评估等级	污生指数 S	等级描述	赋分
I	3.5—4.0	严重污染	0—25
II	2.5—3.5	重污染	25—50
III	1.5—2.5	中污带	50—75
IV	1.0—1.5	轻污带	75—100

指标获取:采用监测方法获取浮游植物的种类和数量。

2.底栖动物完整性指数（河流、湖泊评估指标）

定义及内涵:大型底栖动物是指全部或部分时间生活在水体淤泥或底质表面,以及附着在水生植物表面的水生动物。大型无脊椎动物生物完整性指数（BIBI）通过对比参照点和受损点大型无脊椎动物状况进行评估。

基于候选指标库选取核心评估指标,对评估河湖底栖生物调查数据按照评估参数分值计算方法,计算 BIBI 指数监测值,根据河湖所在水生态分区 BIBI 最佳期望值,计算 BIBI 指标赋分。

指标表达式：

$$BIBI_r = (BIBI_O/BIBI_E \times 100)$$

式中：$BIBI_r$ 为评估河湖大型无脊椎动物完整性指标赋分，$BIBI_O$ 为评估河湖大型无脊椎动物完整性指标监测值，$BIBI_E$ 为河湖所在水生态分区大型无脊椎动物完整性指标最佳期望值。

指标获取：采用监测方法获取底栖动物的属或种。

3. 鱼类生物损失指数（河流、湖泊评估指标）

定义及内涵：鱼类生物损失指数指评估河段内鱼类种数现状与历史参考系鱼类种数（不包括外来种）的差异状况，反映流域开发后河流生态系统中顶级物种受损状况。

指标表达式：

$$FOF = \frac{FO}{FE}$$

式中：FOE 为土著鱼类生物损失指数，FO 为评估河段调查获得的鱼类种类数量，FE 为 20 世纪 80 年代评估河段的鱼类种类数。指标赋分如表 4-19。

表 4-19　土著鱼类生物损失指数赋分标准表

鱼类生物损失指数	FOE	1	0.85	0.75	0.6	0.5	0.25	0
指数赋分	FOEr	100	80	60	40	30	10	0

指标获取：采用历史背景调查方法确定，以 20 世纪 80 年代为历史基点。按照鱼类取样调查方法开展样品采集。历史背景包括《中国内陆水域渔业资源调查与区划》（1980—1988），《河北动物志：鱼类》《白洋淀鱼类》等海河水系的鱼类、鱼类区系数据。鱼类用网捕、垂钓和地笼进行捕获，并在河流附近渔民或鱼市场进行调查获取样本。将采集鱼类样本保存好后带回实验室，主要参照相关文献进行种类鉴定等分析。

4. 大型水生植物覆盖度（湖泊评估指标）

定义及内涵：指湖泊中浮水植物、挺水植物和沉水植物三类植物中非外来物种的累加覆盖度，是指示湖泊生态系统健康的重要因素。

指标表达式：对各监测点位水生物植物盖度进行实际调查，采取直接赋分方法。

指标赋分：将植物覆盖度划分成 5 个等级并赋予相应的分数，计算的覆盖度在某区间段内，则通过线性插值法计算赋分，如表 4-20。

表 4-20 水生植物覆盖度指标赋分标准表

大型水生植物覆盖度	说明	赋分
0	无该类植被	0
0—10%	植被稀疏	25
10%—40%	中度覆盖	50
40%—75%	重度覆盖	75
> 75%	极重度覆盖	100

指标获取：采用实际调查法获取大型水生植物覆盖度数据。

5. 浮游动物多样性指数（湖泊评估指标）

定义及内涵：浮游动物多样性指数能够定量地反映游动物群落结构组成和物种丰富度程度，用来判断生态系统的稳定性和多样性。常用 Shannon-Wiener 多样性指数计算。

指标表达式：Shannon-Winner 指数能够对群落物种组成的丰富度及均匀度进行综合评价，与丰富度的关系最密切，且对于稀疏种更为敏感，是目前应用最为广泛的数量指标。Shannon-Wiener 指数计算公式：

$$H'(S) = -\sum_{i=1}^{S} pi\log_2 , \quad pi = \frac{n_i}{N}$$

式中:S 为种类个数,N 为同一样品中的个体总数,n_i 为第 i 种的个体数。

指标赋分:Shannon-Wiener 指数 H′(S)值越低,说明水质污染程度越高。H′(S)值在 0—1 为重度污染,1—3 为中度污染,其中 1—2 为 α- 中度污染,2—3 为 β- 中度污染,大于 3 为清洁水体,如表 4-21。

表 4-1　浮游动物多样性指数赋分标准表

评价等级	数值	等级描述	赋分
Ⅰ	< 1	重度污染	0—33.3
Ⅱ	1—2	α- 中度污染	33.3—66.7
Ⅲ	2—3	β- 中度污染	66.7—100
Ⅳ	> 3	清洁水体	100

指标获取:采用监测方法获取浮游动物的种类。

五、社会服务

1. 水功能区达标率(河流、湖泊评估指标)

定义及内涵:评估河流达标水功能区个数占其区划总个数的比例为评估河流水功能区水质达标率。

指标表达式:按照《地表水资源质量评价技术规程》(SL395—2007),先对单个水功能区进行水质类别达标评价,所有参评水质项目均满足水质类别管理目标要求的水功能区为达标水功能区;在各水功能区单次达标评价成果基础上进行年度水功能区达标评价,达标率大于(含等于)80% 的水功能区为年度达标水功能区。

$$FD = \frac{FG}{FN} \times 100\%$$

式中：*FD* 为年度水功能区达标率，*FG* 为年度水功能区达标次数，*FN* 为年度水功能区评价次数。

指标赋分：水功能区水质达标率指标赋分计算如下：

$$WFZr = WFZp \times 100$$

式中：*WFZr* 为评估河流水功能区水质达标率指标赋分，*WFZp* 为评估河流水功能区水质达标率。

指标获取：采用实测方法获取水功能区参评水质项目数据。

2. 水资源开发利用率（河流、湖泊评估指标）

定义及内涵：水资源开发利用率是指流域或区域用水量占水资源总量的比率，体现的是水资源开发利用的程度。用评估河流流域内供水量占流域水资源量的百分比表示。

指标表达式：

$$WRU = \frac{WU}{WR}$$

式中：*WRU* 为评估河流流域水资源开发利用率，*WR* 为评估河流流域水资源总量，*WU* 为评估河流流域水资源开发利用量。

指标赋分：根据大清河流域水资源开发利用状况，确定赋分标准，如表4-22。

表 4-22　水资源开发利用率评估赋分标准表

开发利用率	≤ 40%	50%	60%	75%	≥ 90%
赋分	100	80	50	20	0

指标获取：采用资料收集的方法获取大清河流域、水资源量和供用水量资料。

3. 防洪保障程度（河流、湖泊评估指标）

定义及内涵：防洪保障程度反映河道或湖泊的防洪和安全泄洪能力，适用于有防洪需求河流或湖泊。河流通过防洪保障率来评估，湖泊通过防洪工程完好率和湖泊洪水调蓄能力进行评价。无相关规划对防洪达标标准进行规定时，参照 GB-50201 确定。

指标表达式：防洪保证率指已达到防洪标准的堤防长度占堤防总长度的比例，计算公式如下：

$$FLD = \frac{\sum_{n=1}^{Ns}(RIVLn \times RIVWFn \times RIVBn)}{\sum_{n=1}^{Ns}(RIVLn \times RIVWFn)}$$

式中：FLD 为河流防洪保证率；$RIVNLn$ 为河段 n 的长度，评估河流根据防洪规划划分的河段数量；$RIVBn$ 根据河段防洪工程是否满足规划要求进行赋值：达标，$RIVBn=1$；不达标，$RIVBn=0$；$RIVWFn$ 为河段规划防洪标准重现期（如100 年）。

防洪工程完好率除计算考虑堤防外，还需评估环湖口门建筑物满足设计标准的比例。

$$FLDE = \frac{BLA/BL + GWA/GW}{2}$$

式中：$FLDE$ 为防洪工程完好率，BLA 为达到防洪标准的堤防长度，BL 为堤防总长度，GWA 环湖达标口门宽度，GW 环湖河流口门总宽度。指标赋分如表4-23。

表 4-23　防洪指标赋分标准表

赋分	100	75	50	25	0
防洪保证率	95%	90%	85%	70%	50%

指标获取：采用现场调查和资料查阅的方法获取《大清河系防洪规划》、评

估年河道是否满足防洪要求等资料。

4. 公众满意度（河流、湖泊评估指标）

定义及内涵：公众满意度反映公众对评估河流水质、水量、鱼类、河岸带等状况的满意程度。

指标表达式：根据下面公式对公众满意度调查综合赋分进行计算：

$$pPr = \frac{\sum\limits_{n=1}^{NPS}(RERr \times pERw)}{\sum\limits_{n=1}^{NPS}(pERw)}$$

式中：pPr 为公众满意度指标赋分，$PERr$ 为不同公众类型有效调查评估赋分，$pERw$ 为公众类型权重。其中：沿河居民权重为3，河道管理者权重为2，河道周边从事生产活动为1.5，旅游经常来河道为1，旅游偶尔来河道为0.5。河湖健康评估公众调查表见表4-24。

指标获取：采用填写调查问卷的方法获取不同人群对河流的满意程度。

表 4-24 河湖健康评估公众调查表

姓名		性别		年龄	
文化程度		职业		民族	
住址			联系电话		
河流对个人生活的重要性			沿河居民（河岸以外1km以内范围）		
很重要		与河流的关系		河道管理者	
较重要			非沿河居民	河道周边从事生产活动	
一般				旅游经常来河道	
不重要				旅游偶尔来河道	

续表

河流状况评估				
河流水量		河流水质		河滩地
太少		清洁	树草状况	太少
还可以		一般		还可以
太多		比较脏	垃圾堆放	无垃圾
不好判断		太脏		有垃圾
鱼类数量		大鱼	本地鱼类	
少很多		重量小很多	鱼的名称	
少了一些		重量小一些	以前有，现在没有了	
没有变化		没有变化	以前有，现在部分没有了	
数量多了		重量大了	没有变化	

河流适应性状况				
河道景观	优美	与河流相关的历史及文化保护程度	历史古迹或文化程度了解情况	不清楚
	一般			知道一些
	丑陋			比较了解
近水难易程度	容易安全		历史古迹或文化名胜保护与开发情况	没有保护
	难或不安全			有保护，但不对外开放
散步与娱乐休闲活动	适宜			有保护，也对外开放
	不适宜			

对河流的满意程度调查			
总体评估赋分标准		不满意的原因是什么？	希望的河流状况是什么样的？
很满意	100		

续表

满意	80		
基本满意	60		
不满意	30		
很不满意	0		
总体评估赋分			

第三节　指标权重确定

大清河系健康评估选取 15 个评估指标，白洋淀健康评估选取 17 个评估指标。根据水利部水资源司《河流健康评估指标、标准与方法（试点工作用）》《湖泊健康评估指标、标准与方法（试点工作用）》等技术标准及专家咨询意见，将大清河流域河湖健康评估生态完整性亚层权重确定为 0.7，社会服务亚层权重确定为 0.3。采用专家咨询法确定各准则层及指标权重。

一、监测点位布设

1. 选取原则

（1）样点布设采取涵盖研究区内所有水功能区，尽量选取水功能区的代表监测断面。

（2）选取省界等代表性的水质监测断面。

（3）选取河流的基本水文站所在的监测断面。

（4）所在断面具备河段代表性的区域。

（5）具备水质、水生生物采集条件的监测断面。

2. 大清河系调查样点布设分布

根据选取依据，大清河干流及一级二级支流，重点考虑白洋淀及入淀河流等雄安新区生态敏感区，结合海河流域重要水功能区、水质站点、水文站、生态分区，分别在小清河、大石河、拒马河、中易水河、南拒马河、白沟、瀑河、漕河、府河、界河、唐河、孝义河、潴龙河、大清河、团泊洼、北大港、独流减河和白洋淀布设监测站点，共计 35 个，其中白洋淀以上 20 个，白洋淀 8 个，白洋淀以下的大清河、团泊洼、北大港和独流减河 7 个。大清河和白洋淀监测点位布设见表 4-25 和图 4-3。

表 4-25　大清河系监测点位表

河系分段	序号	监测点位	重要水功能区	长度（km）/面积（km²）	坐标	
					东经 E	北纬 N
小清河	1#	张坊	拒马河冀京缓冲区	43.5	115° 41′ 12.00″	39° 34′ 34.00″
大石河	2#	祖村	大石河下段北京景观娱乐用水区	121	116° 05′ 42.00″	39° 34′ 40.00″
拒马河	3#	紫荆关	拒马河北保定饮用水源区	45	115° 10′ 02.00″	39° 25′ 38.58″
中易水河	4#	郝家铺	拒马河冀京缓冲区	44	115° 09′ 45.00″	39° 15′ 32.58″
南拒马河	5#	北河店	中易水河河北保定饮用水源区 1	40	115° 46′ 15.02″	39° 13′ 26.16″
白沟河	6#	平王	中易水河河北保定饮用水源区 2	15	116° 01′ 21.52″	38° 59′ 54.25″
萍河	7#	下河西	中易水河河北保定饮用水源区 3	22	115° 56′ 58.81″	39° 00′ 12.35″
瀑河	8#	大因	白沟引河保定缓冲区	25	115° 43′ 06.00″	38° 55′ 54.44″
漕河	9#	松山	无	43	115° 12′ 24.12″	39° 05′ 34.00″
	10#	贾辛庄	瀑河河北保定过渡区	25	115° 43′ 02.24″	38° 52′ 33.36″
府河	11#	安州	漕河河北保定饮用水源区	25	115° 49′ 07.50″	38° 53′ 04.08″
界河	12#	北辛店	漕河河北保定饮用水源区	57	115° 29′ 01.42″	38° 42′ 01.56″

河系分段	序号	监测点位	重要水功能区	长度（km）/面积（km²）	坐标	
					东经 E	北纬 N
唐河	13#	水堡	唐河晋冀缓冲区 唐河山西灵丘工业农业用水区	144	114° 27′ 13.02″	39° 16′ 57.09″
	14#	中唐梅	唐河河北保定饮用水源区	75	114° 52′ 49.00″	38° 53′ 02.00″
	15#	西新庄	唐河河北保定农业用水区	57	115° 16′ 04.56″	38° 34′ 55.45″
	16#	北青	唐河河北保定缓冲区	47	115° 46′ 25.00″	38° 48′ 13.45″
孝义河	17#	孝义河桥	孝义河河北保定缓冲区	15	115° 49′ 10.00″	38° 41′ 18.00″
潴龙河	18#	王林口	沙河保定开发利用区	20	114° 22′ 40.44″	38° 48′ 43.38″
	19#	北郭村	潴龙河河北保定保留区	119	115° 21′ 49.05″	38° 19′ 16.22″
	20#	博士庄	潴龙河保定保留区	60	115° 53′ 32.16″	38° 39′ 57.46″
大清河	21#	西里长	赵王新河沧州工业用水区	36.1	116° 09′ 23.22″	38° 54′ 04.57″
	22#	安里屯	赵王新河沧州工业用水区	79	116° 41′ 08.12″	39° 00′ 45.25″
团泊洼	23#	南堤路	团泊洼水库天津农业用水区	51	117° 08′ 55.90″	38° 56′ 22.27″
	24#	大丰堆镇东			117° 03′ 59.40″	38° 52′ 57.58″

续表

河系分段	序号	监测点位	重要水功能区	长度（km）/面积（km²）	坐标	
					东经 E	北纬 N
北大港	25#	放水闸	北大港水库天津饮用、工业、农业水源区	348.87	117° 24′ 00.40″	38° 46′ 01.20″
	26#	十号口门			117° 23′ 30.91″	38° 41′ 41.42″
独流减河	27#	万家码头	独流减河农业用水区	108.6	117° 18′ 14.11″	38° 49′ 45.55″
白洋淀	28#	安新桥	白洋淀河北湿地保护区	360	115° 55′ 22.00″	38° 54′ 15.50″
	29#	泥李庄			115° 58′ 25.51″	38° 54′ 14.19″
	30#	留通			116° 00′ 16.04″	38° 58′ 15.00″
	31#	光淀张庄			116° 01′ 25.00″	38° 54′ 02.00″
	32#	王家寨			116° 00′ 07.05″	38° 55′ 14.02″
	33#	圈头			116° 02′ 09.10″	38° 52′ 01.22″
	34#	采蒲台			116° 01′ 54.00″	38° 49′ 25.00″
	35#	端村			115° 56′ 56.05″	38° 50′ 41.22″

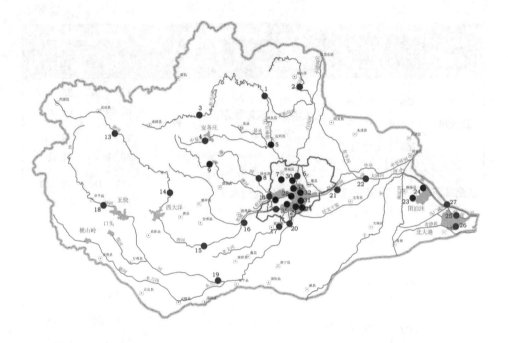

图 4-3　大清河系和白洋淀监测点位

二、权重计算

根据水利部水资源司《河流健康评估指标、标准与方法（试点工作用）》《湖泊健康评估指标、标准与方法（试点工作用）》等技术标准及专家咨询意见，确定各指标层权重。大清河系健康评估指标权重见表 4-26，白洋淀健康评估指标权重见表 4-27。

表 4-26 大清河系健康评估指标权重表

目标层	目标亚层	权重	准则层	权重	指标层			权重
大清河系	生态完整性	0.7	水文水资源	0.2	流量过程变异程度			0.3
					生态流量保障程度			0.7
			物理结构	0.2	河岸带状况	植被覆盖度	0.4	0.7
						地表裸露度	0.3	
						人类活动强度	0.3	
					河流连通阻隔状况			0.3
			水质	0.2	溶解氧状况			0.3
					耗氧有机污染状况			0.3
					重金属污染状况			0.4
			生物	0.4	底栖动物 BIBI 指数			0.4
					鱼类生物损失指数			0.3
					浮游植物污生指数			0.3
	社会服务	0.3	社会服务功能	1.0	水功能区达标率			0.25
					水资源开发利用率			0.25
					防洪保障程度			0.25
					公众满意度			0.25

表 4-27　白洋淀健康评估指标权重表

目标层	目标亚层	权重	准则层	权重	指标层			权重
白洋淀	生态完整性	0.7	水文水资源	0.2	入湖流量变异程度			0.3
					最低生态水位满足状况			0.7
			物理结构	0.2	湖岸带状况	植被覆盖度	0.50	0.4
						人类活动强度	0.25	
						岸坡稳定性	0.25	
					湖泊萎缩状况			0.3
					河湖连通状况			0.3
			水质	0.2	溶解氧状况			0.3
					耗氧有机污染状况			0.3
					富营养化状况			0.4
			生物	0.4	浮游植物污生指数			0.20
					底栖动物 BI 指数			0.20
					鱼类生物损失指数			0.20
					大型水生植物覆盖度			0.20
					浮游动物多样性指数			0.20
	社会服务	0.3	社会服务功能	1.0	水功能区达标率			0.25
					水资源开发利用率			0.25
					防洪保障程度	防洪工程完好率	0.3	0.25
						湖泊洪水调蓄能力	0.7	
					公众满意度			0.25

第四节 健康等级划分

将河湖健康等级分为 5 级, 分别是: 理想状态、健康、亚健康、不健康和病态, 河湖健康的等级、类型、颜色代码见表4-28。

表 4-28 河湖健康评估分级表

等级	类型	颜色		赋分范围	说明
1	理想状态	蓝		80—100	接近参考状况或与其目标
2	健康	绿		60—80	与参考状况或与其目标有较小差异
3	亚健康	黄		40—60	与参考状况或与其目标有中度差异
4	不健康	橙		20—40	与参考状况或与其目标有较大差异
5	病态	红		0—20	与参考状况或与其目标有显著差异

其中, 河流、湖泊理想状况的特征是河流、湖泊自然形态良好, 具有充足、优质的水量补给, 水环境状况良好, 水生生物多样性丰富, 防洪工程完全达标, 河流、湖泊社会服务功能完好并能够满足人类需求, 接近参考状况或预期目标; 健康的特征是河流、湖泊自然功能因受到人类干扰而轻度破坏, 水量满足河道生态需水, 水质较好, 水生生物多样性开始减少, 防洪工程大部分达标, 社会服务功能基本正常, 与参考状况或预期目标有较小差异; 亚健康的特征是河流、湖泊自然形态受人类干扰程度加剧, 河岸稳定性减弱, 湿地萎缩, 水质开始恶化, 水量基本满足河道生态需水, 水土流失范围扩大, 水生生物多样性进一步减少, 蓄泄能力开始变差, 防洪工程基本达标, 河流、湖泊社会服务功能减弱, 与参考状况或预期目标有较中度差异; 不健康的特征是河流、湖泊自然形态恶化

程度严重，河岸和河床冲刷严重，湿地萎缩严重，水质持续恶化，断流现象开始出现，水土流失严重，水生生物较少，河道萎缩，防洪水平低下，社会服务功能基本丧失，与参考状况或预期目标有较大差异；病态的特征是河流、湖泊自然形态几乎完全破坏，生态环境濒临崩溃，水生生物基本灭绝，水质恶化严重，连年出现断流，基本不具备社会服务功能，与参考状况或预期目标有显著差异。

第五章

大清河健康评估

根据大清河健康评估体系，对生态完整性和社会服务功能中的水文水资源、物理结构、水质、生物和社会服务功能等准则层的评估指标，通过资料搜集、现场勘察与调查、取样监测等工作，获取评估数据，并根据数据对大清河系健康状况进行评估。

第一节 水文水资源

分别从流量过变异程度和生态流量保障程度 2 个指标对大清河水文水资源准则层进行评估。

一、流量过程变异程度

采用潴龙河、孝义河、唐河、府河、漕河、瀑河、萍河、白沟引河等大清河代表性水文站 2006—2017 年实测与天然径流量进行流量过程变异程度计算，并根据赋分标准进行赋分。各河流代表性水文站天然径流量见表 5-1，各河流代表性水文站实测径流量见表 5-2，流量过程变异程度结果及赋分见表 5-3。通过计算，大清河主要河流流量过程变异程度平均得分为 4.8 分。

表 5-1 各河流代表性水文站天然径流量　　　　单位：万 m³

年份	潴龙河	孝义河	唐河	府河	漕河	瀑河	萍河	白沟引河
2006	24737	71	17965	36	87	2315	25	22488
2007	31537	205	16117	104	248	3871	71	21182
2008	64536	277	33130	141	1052	4452	97	48515
2009	32606	72	20402	37	409	3290	25	25310

续表

年份	潴龙河	孝义河	唐河	府河	漕河	瀑河	萍河	白沟引河
2010	36835	143	19797	73	697	3745	50	23756
2011	55179	225	38039	115	2167	4103	79	40866
2012	73949	2243	41336	1143	3963	5350	782	86961
2013	41552	379	30274	193	582	924	132	53143
2014	30055	114	22566	58	139	728	40	30239
2015	34881	195	27029	99	308	1324	68	32023
2016	33196	86	22421	44	131	2264	30	22324
2017	38511	162	25759	83	334	2510	56	29894

表 5-2　各河流代表性水文站实测径流量　　　　单位：万 m^3

年份	潴龙河	孝义河	唐河	府河	漕河	瀑河	萍河	白沟引河
2006	0	0	0	0	0	0	0	820
2007	0	0	2500	0	0	0	0	0
2008	0	0	800	0	0	0	0	0
2009	0	0	6700	0	0	0	0	1800
2010	0	0	1700	0	0	0	0	0
2011	0	0	8500	0	0	0	0	0
2012	160	590	9600	2116	0	0	0	15880
2013	428	0	4700	3108	0	0	0	16020
2014	627	0	2500	3744	0	0	0	3700
2015	711	0	13000	3960	0	0	0	570
2016	579	0	17492	0	0	0	0	9629
2017	5452	0	23949	7219	0	0	0	0

表 5-3 流量过程变异程度结果及赋分表

年份	潴龙河	孝义河	唐河	府河	漕河	瀑河	萍河	白沟引河
FD	3.62	5.11	2.76	53.27	5.66	3.85	6.73	3.39
赋分	9.2	0.0	15.6	0.0	0.0	7.7	0.0	10.8

根据各个水文站点所代表条河流,每个河段流量过程变异程度赋分见表 5-4。

表 5-4 流量过程变异程度结果及赋分表

监测点	流量过程变异程度赋分
张坊	10.8
祖村	10.8
紫荆关	10.8
郝家铺	10.8
北河店	10.8
平王	10.8
下河西	0.0
大因	7.7
松山	0.0
贾辛庄	0.0
安州	0.0
北辛店	15.6
水堡	15.6
中唐梅	15.6
西新庄河	15.6
北青	15.6

续表

监测点	流量过程变异程度赋分
孝义河桥	0.0
王林口	9.2
北郭村	9.2
博士庄	9.2
西里长	—
安里屯	—
南堤路	—
大丰堆镇东	—
放水闸	—
十号口门	—
万家码头	—

二、生态流量保障程度

对于水体连通和生境维持功能的河段，要保障一定的生态基流，原则上采用 Tennant 法计算，取多年平均天然径流量的 10%—30% 作为生态水量，山区河流原则上取 15%—30%，平原河流 10%—20%；对于水质净化功能的河流，同于水体连通功能河段，不考虑增加对污染物稀释水量；对景观环境功能的河段，采用草被的灌水量或所维持的水面部分用槽蓄法计算蒸发渗漏量；有出境水量规划的河流，生态水量与出境水量方案相协调。

考虑河流的代表性以及水文资料的获取情况，本研究选取了潴龙河、孝义河、唐河、府河、漕河、瀑河、萍河、白沟引河、赵王新河、大清河共 10 条主要河流计算生态需水量。

按照"优先选取河流水文控制断面、控制干支流的重要水文站、控制性水利工程、生态敏感保护目标、河道及水力特征变化较大"等原则选取计算节点和范围。具体计算范围见表 5-5。

表 5-5　河流计算节点和范围表

名称	范围	控制节点
潴龙河	北郭村—白洋淀	北郭村
孝义河	高阳县—白洋淀	—
唐河	西大洋水库—白洋淀	西大洋水库
府河	安州—白洋淀	—
漕河	漕河村—白洋淀	—
瀑河	徐水—白洋淀	—
萍河	河源—白洋淀	—
白沟引河	新盖房闸—白洋淀	新盖房闸
赵王新河	白洋淀出口—入大清河口	—
大清河	新盖房闸—沧州、廊坊交界	—

白沟引河采用 Tennant 法计算,取多年平均天然径流量的 15% 作为目标生态需水量;潴龙河、唐河上游河段采取"以绿代水"进行修复,取天然径流量的 10% 作为沙化河段的生态需水量;潴龙河、唐河下游河段以及漕河、瀑河、孝义河、府河、萍河采用生态环境功能需水法进行计算,为更好发挥水体连通功能,考虑每年一次换水,以蒸发渗漏损失量与换水量之和作为生态环境需水量。8 条入淀河流生态需水总量为 2.36 亿 m^3。

白洋淀采用生态水位法计算生态需水量,为 3.26 亿 m^3。

赵王新河为出淀河流,采用生态环境功能需水法进行计算,以蒸发渗漏损失量和换水量之和作为生态需水量,为 0.19 亿 m^3。

大清河采用生态环境功能需水法进行计算，以蒸发渗漏损失量和换水量之和作为生态需水量，为 0.22 亿 m³。

流域目标生态需水量计算采用外包值法，扣除河流上下段之间、河流与湿地的重复，生态需水量为 3.85 亿 m³，如表 5-6。

表 5-6　生态需水量计算成果表　　　　单位：亿 m³

河湖名称	生态需水量	计算方法
潴龙河	0.62	生态环境功能需水法
孝义河	0.07	生态环境功能需水法
唐河	0.47	生态环境功能需水法
府河	0.09	生态环境功能需水法
漕河	0.12	生态环境功能需水法
瀑河	0.12	生态环境功能需水法
萍河	0.09	生态环境功能需水法
白沟引河	0.78	Tennant 法
入淀河流合计	2.37	—
赵王新河	0.19	生态环境功能需水法
出淀河流合计	0.19	—
大清河	0.22	生态环境功能需水法
白洋淀	3.26	生态水位法
流域总计（扣除重复）	3.85	外包值

选取近 5 年（2013—2017 年）各河流的实测流量平均值作为河流现状生态水量，入淀水量作为白洋淀现状生态水量。

入淀河流：唐河、府河现状水量满足生态需水量，但 2 条河的水主要来源于保定市城镇污水处理厂和企业排放的废污水，需要加强污水处理，才能同时满足水量和水质需求。孝义河、漕河、瀑河、萍河近 5 年入淀水量均为 0,完全不满足生态需水量要求。潴龙河虽然有入淀水量,但水量较小,基本不满足生态需水量要求。白沟引河 5 年平均实测径流量为 0.60 亿 m³,不满足生态需水量要求,但 2013 年和 2016 年水量较大,分别为 1.60 亿 m³ 和 0.96 亿 m³,满足生态需水量。

出淀河流:赵王新河现状水量较小,不满足生态需水量。大清河没有水量监测资料,分析相关资料,认为近几年河道干涸,不满足生态需水量。大清河系生态水量满足情况赋分表如表 5-7 所示。

表 5-7　生态水量满足情况表　　　　单位:亿 m³

河湖名称	生态需水量	2013—2017 年平均实测径流量	同时段多年平均天然流量所占百分比	赋分
潴龙河	0.62	0.16	25	90
孝义河	0.07	0.00	0	0
唐河	0.47	1.23	262	100
府河	0.09	0.36	401	100
漕河	0.12	0.00	0	0
瀑河	0.12	0.00	0	0
萍河	0.09	0.00	0	0
白沟引河	0.78	0.60	77	100
赵王新河	0.19	0.05	26	92
大清河	0.22	0.00	0	0
平均				48

流域整体现状生态水量不满足生态需水量,分析其原因:一是区域水资源禀赋差,受气候和下垫面变化等因素的影响,白洋淀以上地表径流呈衰减趋势,

天然径流量从 20 世纪 80 年代以前的 31.2 亿 m^3,衰减为 1980—2000 年的 18.7 亿 m^3,减少了 40%;2013—2017 年进一步衰减为 11.7 亿 m^3,比 1980—2000 年减少了 37%;二是区域水资源开发利用过度,白洋淀流域现状水资源开发利用率为 128%,其中地表水开发利用率 52%,浅层地下水埋深从 20 世纪 80 年代初期的 6 m 下降到目前的 25 m,累计亏空量约 230 亿 m^3;三是部分河流人为采砂严重,河床沙化,渗漏严重,即使有水库下泄水量,也难以维持水面和基流。

根据各个水文站点所代表条河流,每个河段生态流量保障程度赋分见表 5-8 所示。

表 5-8　生态流量保障程度结果及赋分表

监测点	生态流量保障程度赋分
张坊	100
祖村	100
紫荆关	100
郝家铺	100
北河店	100
平王	100
下河西	0
大因	0
松山	0
贾辛庄	0
安州	100
北辛店	100
水堡	100
中唐梅	100
西新庄	100

续表

监测点	生态流量保障程度赋分
北青	100
孝义河桥	0
王林口	0
北郭村	90
博士庄	90
西里长	0
安里屯	0
南堤路	—
大丰堆镇东	—
放水闸	—
十号口门	—
万家码头	—

三、水文水资源准则层赋分

大清河水文水资源层包括流量过程变异程度和生态流量保障程度 2 个指标,赋分结果见表 5-9。

表 5-9 大清河水文水资源准则层赋分计算表

监测点	流量过程变异程度赋分	权重	生态流量保障程度赋分	权重	赋分	代表河长	准则层总赋分
张坊	10.8	0.3	100	0.7	73.24	117	41.1
祖村	10.8	0.3	100	0.7	73.24	121	

续表

监测点	流量过程变异程度赋分	权重	生态流量保障程度赋分	权重	赋分	代表河长	准则层总赋分
紫荆关	10.8	0.3	100	0.7	73.24	67	
郝家铺	10.8	0.3	100	0.7	73.24	44	
北河店	10.8	0.3	100	0.7	73.24	40	
平王	10.8	0.3	100	0.7	73.24	12	
下河西	0	0.3	0	0.7	0	44	
大因	7.7	0.3	0	0.7	2.31	105	
松山	0	0.3	0	0.7	0	43	
贾辛庄	0	0.3	0	0.7	0	66	
安州	0	0.3	100	0.7	70	55	
北辛店	15.6	0.3	100	0.7	74.68	160	
水堡	15.6	0.3	100	0.7	74.68	144	41.1
中唐梅	15.6	0.3	100	0.7	74.68	75	
西新庄	15.6	0.3	100	0.7	74.68	93	
北青	15.6	0.3	100	0.7	74.68	47	
孝义河桥	0	0.3	0	0.7	0	60	
王林口	9.2	0.3	0	0.7	2.76	119	
北郭村	9.2	0.3	90	0.7	65.76	119	
博士庄	9.2	0.3	90	0.7	65.76	96	
西里长	—	0	0	1	—	9	
安里屯	—	0	0	1	—	31	
南堤路	—	0	—	1	—	43.5	

续表

监测点	流量过程变异程度赋分	权重	生态流量保障程度赋分	权重	赋分	代表河长	准则层总赋分
大丰堆镇东	—	0.3	—	0.7	—	51	
放水闸	—	0.3	—	0.7	—		41.1
十号口门	—	0.3	—	0.7	—	348.9	
万家码头	—	0.3	—	0.7	—		

通过水文水资源准则层各指标的赋分状况可知,干涸河段较多,且流量过程变异程度赋分较低,造成该准则层赋分状况整体较低。

第二节 物理结构

物理结构准则层各个指标数据基于卫星遥感影像数据获取。大清河物理结构指标包括河岸带状况、河流连通阻隔状况。

以覆盖整个大清河流域的 2018 年 5 月的中等空间分辨率 15 米 Landsat 8 遥感影像（6 景）（图 5-1）为数据源，解译和提取全流域植被覆盖度、河流闸坝、水库大坝、土地利用、干涸河段等信息。充分利用遥感卫星数据，以地面实地勘察信息验证遥感信息，综合评估大清河物理结构层健康状况。

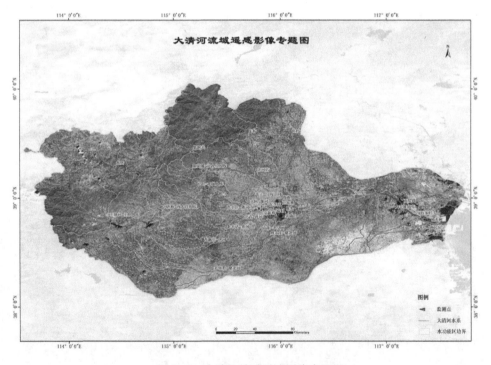

图 5-1 大清河流域遥感影像专题图

一、河岸带状况

河岸带状况评估包括区域内植被覆盖度、地表裸露度和人类活动强度 3 个方面。

1. 植被覆盖度

基于 Landsat 8-OLI 遥感影像提取的大清河流域植被覆盖度（图 5-2），统计监测断面所在水功能区内的均值，参考植被覆盖度指标评估赋分标准对各断面进行赋分，各断面赋分情况具体见表 5-10。

表 5-10　河流水功能区植被覆盖度赋分表

监测点	植被覆盖度（％）	赋分
张坊	86.4	86.4
祖村	80.7	80.7
紫荆关	82.3	82.3
郝家铺	85.7	85.7
北河店	64.9	67.8
平王	64.1	67.2
下河西	56.2	61.6
大因	76.2	76.2
松山	84.8	84.8
贾辛庄	71.2	72.3
安州	57.2	62.3
北辛店	76.9	76.9
水堡	73.7	74.1
中唐梅	78.9	78.9
西新庄	77.2	77.2
北青	51.2	58.0

续表

河湖名称	生态需水量	计算方法
孝义河桥	62.9	66.3
王林口	77.6	77.6
北郭村	71.3	72.3
博士庄	67.4	69.6
西里长	61.4	65.3
安里屯	55.2	60.9
南堤路	47.7	55.5
大丰堆镇东	47.7	55.5
放水闸	47.7	55.5
十号口门	58.4	63.2
万家码头	47.7	55.5

2. 地表裸露度

基于遥感影像提取的大清河流域地表裸露度情况，求取各断面地表裸露情况的均值并参考地表裸露度指标评估赋分标准进行赋分，结果见表5-11。

3. 基于遥感影像提取的大清河流域土地利用类型，包括：建设用地、交通用地、工矿用地、裸地、农业用地、河滩地、园地、草地、林地、湿地植被、水体等，根据各个利用类型上的人类活动强度（详见图5-3）求取各断面的均值并参考人类活动强度指标评估赋分标准进行赋分，结果见表5-11。

表5-11 河流水功能区人类活动强度赋分表

监测点	地表裸露度（%）	赋分	人类活动强度（%）	赋分
张坊	13.6	72.0	22.8	64.3
祖村	19.3	67.3	36.8	52.6
紫荆关	17.7	68.6	26.2	61.5

续表

监测点	地表裸露度（%）	赋分	人类活动强度（%）	赋分
郝家铺	14.3	71.4	23.0	64.1
北河店	35.1	54.1	54.3	39.8
平王	35.9	53.4	56.2	38.4
下河西	43.8	47.3	56.2	38.4
大因	23.8	63.5	49.8	43.0
松山	15.2	70.7	26.5	61.2
贾辛庄	28.8	59.3	51.9	41.5
安州	42.8	48.0	53.9	40.1
北辛店	23.1	64.1	48.1	44.2
水堡	26.3	61.4	28.3	59.7
中唐梅	21.1	65.8	24.8	62.7
西新庄	22.8	64.3	52.3	41.2
北青	48.8	43.7	58.3	37.0
孝义河桥	37.1	52.4	56.5	38.2
王林口	22.4	64.7	23.1	64.1
北郭村	28.7	59.4	48.5	44.0
博士庄	32.6	56.2	56.2	38.4
西里长	38.6	51.2	52.9	40.8
安里屯	44.8	46.6	56.3	38.4
南堤路	52.3	41.2	36.2	53.2
大丰堆镇东	52.3	41.2	36.2	53.2
放水闸	52.3	41.2	36.2	53.2
十号口门	41.6	48.9	39.3	50.6
万家码头	52.3	41.2	36.2	53.2

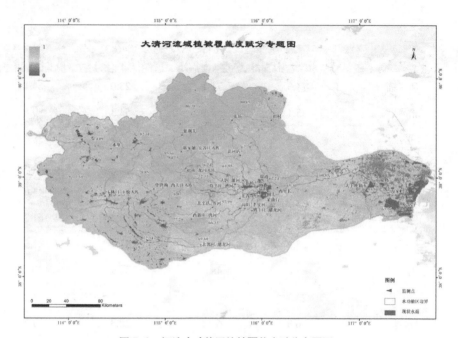

图 5-2　河流水功能区植被覆盖度赋分专题图

图 5-3　河流水功能区人类活动强度赋分专题图

4. 河岸带状况赋分

根据河岸带状况（RS）计算公式，基于植被覆盖度、地表裸露度和人类活动强度赋分结果，三者的权重分别取 0.4、0.3 和 0.3，计算得到河岸带状况赋分表，见表5-12。

表 5-12　河流水功能区状况赋分表

监测点	植被覆盖度	权重	地表裸露度	权重	人类活动强度	权重	河岸带状况赋分
张坊	86.4	0.4	72.0	0.3	64.3	0.3	75.5
祖村	80.7	0.4	67.3	0.3	52.6	0.3	68.2
紫荆关	82.3	0.4	68.6	0.3	61.5	0.3	72.0
郝家铺	85.7	0.4	71.4	0.3	64.1	0.3	74.9
北河店	67.8	0.4	54.1	0.3	39.8	0.3	55.3
平王	67.2	0.4	53.4	0.3	38.4	0.3	54.4
下河西	61.6	0.4	47.3	0.3	38.4	0.3	50.4
大因	76.2	0.4	63.5	0.3	43.0	0.3	62.4
松山	84.8	0.4	70.7	0.3	61.2	0.3	73.5
贾辛庄	72.3	0.4	59.3	0.3	41.5	0.3	59.2
安州	62.3	0.4	48.0	0.3	40.1	0.3	51.3
北辛店	76.9	0.4	64.1	0.3	44.2	0.3	63.2
水堡	74.1	0.4	61.4	0.3	59.7	0.3	66.0
中唐梅	78.9	0.4	65.8	0.3	62.7	0.3	70.1
西新庄	77.2	0.4	64.3	0.3	41.2	0.3	62.5
北青	58	0.4	43.7	0.3	37.0	0.3	47.4
孝义河桥	66.3	0.4	52.4	0.3	38.2	0.3	53.7
王林口	77.6	0.4	64.7	0.3	64.1	0.3	69.7
北郭村	72.3	0.4	59.4	0.3	44.0	0.3	59.9
博士庄	69.6	0.4	56.2	0.3	38.4	0.3	56.2

续表

监测点	植被覆盖度	权重	地表裸露度	权重	人类活动强度	权重	河岸带状况赋分
西里长	65.3	0.4	51.2	0.3	40.8	0.3	53.7
安里屯	60.9	0.4	46.6	0.3	38.4	0.3	49.8
南堤路	55.5	0.4	41.2	0.3	53.2	0.3	50.5
大丰堆镇东	55.5	0.4	41.2	0.3	53.2	0.3	50.5
放水闸	55.5	0.4	41.2	0.3	53.2	0.3	50.5
十号口门	63.2	0.4	48.9	0.3	50.6	0.3	55.1
万家码头	55.5	0.4	41.2	0.3	53.2	0.3	50.5

二、河流连通阻隔状况

根据遥感影像和现场调查的水利工程数量,统计各监测断面起止断面点内的各类水利工程数量。根据水利工程类型及数量对河段进行赋分,有水库大坝的河段赋分 0 分,无水库大坝有水闸的河段赋分 25 分,无任何水利工程的赋分 100 分,除上述情况外有其他水利工程的赋分 50 分。根据河段赋分情况,参考闸坝阻隔赋分标准,计算得到河流连通阻隔状况赋分表,结果见表 5-13。

表 5-13 河流连通阻隔状况

监测点	水利工程数量							河段赋分	赋分
	土坝	土坝拦水坝	河流拦水坝	漫水坝	水库大坝	橡胶坝	水闸		
张坊	1	0	5	33	0	1	2	25	25
祖村	1	0	2	2	1	0	1	0	0
紫荆关	1	0	1	9	0	1	1	25	25
郝家铺	0	0	3	3	1	0	0	0	0

续表

监测点	水利工程数量							河段赋分	赋分
	土坝	土坝拦水坝	河流拦水坝	漫水坝	水库大坝	橡胶坝	水闸		
北河店	2	2	1	5	0	3	1	25	25
平王	0	0	1	0	0	0	2	25	25
下河西	0	0	0	0	1	0	0	0	0
大因	0	0	0	0	0	0	0	100	25
松山	0	0	0	0	1	0	0	0	0
贾辛庄	1	1	1	0	1	0	1	0	0
安州	2	0	0	0	0	0	1	25	25
北辛店	3	1	3	2	1				
水堡	0	3	0	3	0	0	1	25	25
中唐梅	4	1	3	4	0	0	0	50	0
西新庄	5	1	0	0	1	0	0	0	0
北青	6	0	0	0	0	0	0	100	25
孝义河桥	1	0	2	1	0	0	0	50	25
王林口	0	0	3	3	0	0	0	0	0
北郭村	1	0	3	5	1	0	3	0	25
博士庄	5	4	0	0	0	0	0	50	25
西里长	0	0	0	0	0	0	1	25	25
安里屯	0	0	0	0	0	0	1	25	25
南堤路	0	0	0	0	0	0	1	25	25
大丰堆镇东	0	0	0	0	0	0	1	25	25
放水闸	0	0	0	0	0	0	2	25	25
十号口门	0	0	0	0	0	0	1	25	25
万家码头	0	0	0	0	0	0	1	25	25

三、物理结构准则层赋分

根据物理结构指标赋分公式,利用河岸带状况河流连通阻隔状况赋分结果,分别以 0.7 和 0.3 为二者的权重,加权求和得到各断面物理结构赋分表,结果见表 5-14,大清河各断面物理结构赋分空间展示见图 5-5。

表 5-14　大清河各监测断面物理结构赋分表

监测点	河岸带状况	权重	河流连通阻隔状况	权重	物理结构指标
张坊	75.5	0.7	25.0	0.3	60.4
祖村	68.2	0.7	0.0	0.3	47.7
紫荆关	72.0	0.7	25.0	0.3	57.9
郝家铺	74.9	0.7	0.0	0.3	52.4
北河店	55.3	0.7	25.0	0.3	46.2
平王	54.4	0.7	25.0	0.3	45.6
下河西	50.4	0.7	0.0	0.3	35.3
大因	62.4	0.7	25.0	0.3	51.2
松山	73.5	0.7	0.0	0.3	51.5
贾辛庄	59.2	0.7	0.0	0.3	41.4
安州	51.3	0.7	25.0	0.3	43.4
北辛店	63.2	0.7	25.0	0.3	51.7
水堡	66.0	0.7	0.0	0.3	46.2
中唐梅	70.1	0.7	0.0	0.3	49.1
西新庄	62.5	0.7	0.0	0.3	43.8
北青	47.4	0.7	25.0	0.3	40.7
孝义河桥	53.7	0.7	25.0	0.3	45.1
王林口	69.7	0.7	0.0	0.3	48.8
北郭村	59.9	0.7	25.0	0.3	49.4

续表

监测点	河岸带状况	权重	河流连通阻隔状况	权重	物理结构指标
博士庄	56.2	0.7	25.0	0.3	46.8
西里长	53.7	0.7	25.0	0.3	45.1
安里屯	49.8	0.7	25.0	0.3	42.4
万家码头	50.5	0.7	25.0	0.3	42.9
南堤路	50.5	0.7	25.0	0.3	42.9
大丰堆镇东	50.5	0.7	25.0	0.3	42.9
放水闸	55.1	0.7	25.0	0.3	46.1
十号口门	50.5	0.7	25.0	0.3	42.9

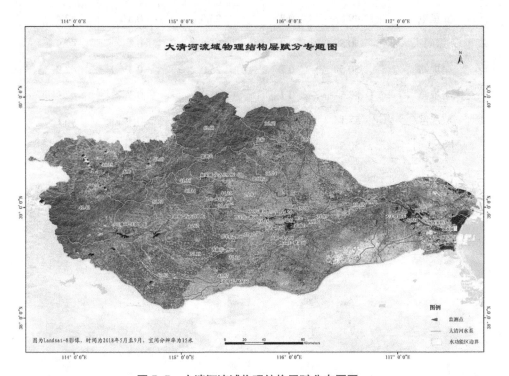

图 5-5　大清河流域物理结构层赋分专题图

第三节　水质

分别从溶解氧状况（DO）、耗氧有机污染状况（OCP）、重金属污染状况（HMP）3 个指标对大清河水质准则层进行评估。

一、溶解氧状况

根据溶解氧状况指标评估标准,将大清河各断面溶解氧监测数据分汛期和非汛期分别进行赋分,再取各监测断面汛期和非汛期赋分均值作为该项赋分。

大清河各监测断面溶解氧状况评估结果见表 5-15。

表 5-15　大清河非汛期各监测断面溶解氧状况赋分表

| 断面名称 | 溶解氧（mg/L） | | | | 平均 |
	汛期	赋分	非汛期	赋分	
张坊	11.56	100	8.04	100	100.00
祖村	20.19	100	17.11	100	100.00
紫荆关	11.72	100	9.93	100	100.00
郝家铺	12.76	100	10.81	100	100.00
北河店	14.88	100	12.61	100	100.00
平王	16.38	100	13.88	100	100.00
下河西	断流	0.00	断流	0.00	0.00
大因	3.46	36.90	4.08	46.20	41.55
松山	11.76	100	9.97	100	100.00
贾辛庄	断流	0.00	断流	0.00	0.00

续表

断面名称	溶解氧（mg/L）				平均
	汛期	赋分	非汛期	赋分	
安州	12.61	100	14.88	100	100.00
北辛店	10.67	100	9.04	100	100.00
水堡	9.80	100	11.56	100	100.00
中唐梅	15.69	100	13.30	100	100.00
西新庄	断流	0	断流	0.00	0.00
北青	断流	0	断流	0.00	0.00
孝义河桥	13.45	100	11.40	100	100.00
王林口	9.04	100	10.67	100	100.00
北郭村	11.26	100	9.54	100	100.00
博士庄	断流	0.00	断流	0.00	0.00
西里长	断流	0.00	断流	0.00	0.00
安里屯	6.53	87.10	5.53	70.60	78.85
南堤路	11.26	100	9.78	100	100.00
大丰堆镇东	9.87	100	10.69	100	100.00
放水闸	10.25	100	11.21	100	100.00
十号口门	8.87	100	9.42	100	100.00
万家码头	10.28	100	9.54	100	100.00

二、耗氧有机污染状况

根据耗氧有机污染状况指标赋分标准，分别对大清河各监测断面4个水质项目赋分最低值作为该项目每次评价的赋分，取其两次赋分均值为该项目赋分。

非汛期和汛期大清河各监测断面耗氧有机污染状况评估结果见表5-16和表5-17。

表5-16 大清河非汛期各监测断面耗氧有机污染状况指标赋分表

单位:mg/L

站点名称	氨氮	赋分	高锰酸盐指数	赋分	五日生化需氧量	赋分	化学需氧量	赋分	耗氧有机污染赋分
张坊	0.07	100	1.8	100	2.5	100	<10	100	100
祖村	1.31	41.40	8.1	44.25	2.9	100	40	0	46.41
紫荆关	0.03	100	1.8	100	<2.0	100	<10	100	100
郝家铺	0.01	100	1.2	100	<2.0	100	<10	100	100
北河店	0.13	100	2.7	93	<2.0	100	<10	100	98.25
平王	0.09	100	6.2	58.50	2.2	100	19.1	67.20	81.43
下河西	断流	断流	断流	断流	断流	断流	断流	断流	0
大因	0.01	100	3.3	87.00	<2.0	100	<10	100	96.75
松山	0.12	100	1.1	100	<2.0	100	<10	100	100
贾辛庄	断流	断流	断流	断流	断流	断流	断流	断流	0
安州	0.32	90.29	3.4	86	<2.0	100	<10	100	94.07
北辛店	0.11	100	1.8	100	2.2	100	<10	100	100
水堡	0.07	100	1.8	100	2.5	100	<10	100	100
中唐梅	0.03	100	1.1	100	2.7	100	<10	100	100
西新庄	断流	断流	断流	断流	断流	断流	断流	断流	0

续表

站点名称	氨氮	赋分	高锰酸盐指数	赋分	五日生化需氧量	赋分	化学需氧量	赋分	耗氧有机污染赋分
北青	断流	断流	断流	断流	断流	断流	断流	断流	0
孝义河桥	2.76	0	10.9	24.60	3.2	92.00	40.4	0	29.15
王林口	0.11	100	1.8	100	2.2	100	<10	100	100
北郭村	0.05	100	5.3	67	2.6	100	16.4	88.8	88.95
博士庄	断流	断流	断流	断流	断流	断流	断流	断流	0
西里长	断流	断流	断流	断流	断流	断流	断流	断流	0
安里屯	1.94	3.60	7.2	51.00	<2.0	100	27.3	38.1	48.18
南堤路	0.05	100	11.4	21.60	<2.0	100	37.0	9	57.65
大丰堆镇东	0.11	100	11.4	21.60	<2.0	100	36.0	12.00	58.40
放水闸	0.49	80.57	11.4	21.60	<2.0	100	150	0	50.54
十号口门	0.08	100	11.4	21.60	<2.0	100	79.0	0	55.40
万家码头	0.69	72.40	11.4	21.60	<2.0	100	61.0	0	48.50

表 5-17 大清河汛期各监测断面耗氧有机污染状况指标赋分表

单位：mg/L

站点名称	氨氮	赋分	高锰酸盐指数	赋分	五日生化需氧量	赋分	化学需氧量	赋分	耗氧有机污染赋分
张坊	0.05	100	1.2	100	<2.0	100	<10	100	100
祖村	<0.04	100	1.0	100	<2.0	100	<10	100	100
紫荆关	0.05	100	1.5	100	<2.0	100	<10	100	100
郝家铺	0.12	100	1.2	100	<2.0	100	<10	100	100
北河店	0.08	100	3.0	90	<2.0	100	<10	100	90
平王	0.47	82	7.1	52	<2.0	100	26.0	56	52
下河西	断流	0	断流	0	断流	0	断流	0	0
大因	0.16	99	4.3	77	<2.0	100	12.5	100	77
松山	0.12	100	1.1	100	<2.0	100	<10	100	100
贾辛庄	断流	0	断流	0	断流	0	断流	0	0
安州	0.09	100	3.0	90	<2.0	100	<10	100	90
北辛店	0.06	100	4.6	74	2.5	100	15.4	97	74
水堡	0.07	100	1.8	100	<2.0	100	<10	100	100
中唐梅	<0.04	100	1.0	100	<2.0	100	<10	100	100
西新庄	断流	0	断流	0	断流	0	断流	0	0

续表

站点名称	氨氮	赋分	高锰酸盐指数	赋分	五日生化需氧量	赋分	化学需氧量	赋分	耗氧有机污染赋分
北青	断流	100	断流	100	断流	100	断流	0	0
孝义河桥	0.16	99	3.9	81	<2.0	100	12.4	100	81
王林口	0.05	100	1.2	100	<2.0	100	<10	100	100
北郭村	0.74	66	3.3	87	<2.0	100	11.9	100	66
博士庄	断流	0	断流	0	断流	0	断流	0	0
西里长	断流	0	断流	0	断流	0	断流	0	0
安里屯	0.12	100	1.2	100	<2.0	100	<10	100	100
南提路	<0.04	100	7.2	51	<2.0	51	35.8	100	17
大丰堆镇东	0.05	100	5.8	62	<2.0	62	32.3	100	31
放水闸	0.44	83	15.1	0	3.4	0	69.4	84	0
十号口门	0.08	100	3.0	90	<2.0	90	<10	100	90
万家码头	0.44	83	15.1	0	3.4	0	69.4	84	0

取大清河两次耗氧有机污染赋分均值作为该指标赋分值，结果见表5-18。

表5-18 大清河耗氧有机污染状况指标赋分取值表

站点名称	非汛期耗氧有机污染赋分	汛期耗氧有机污染赋分	耗氧有机污染赋分
张坊	100	100	100
祖村	100	46	73
紫荆关	100	100	100
郝家铺	100	100	100
北河店	90	98	94
平王	52	81	67
下河西	0	0	0
大因	77	97	87
松山	100	100	100
贾辛庄	0	0	0
安州	90	94	92
北辛店	74	100	87
水堡	100	100	100
中唐梅	100	100	100
西新庄	0	0	0
北青	0	0	0
孝义河桥	81	29	55
王林口	100	100	100
北郭村	66	89	78
博士庄	0	0	0
西里长	0	0	0
安里屯	100	48	74

续表

站点名称	非汛期耗氧有机污染赋分	汛期耗氧有机污染赋分	耗氧有机污染赋分
南堤路	17	58	37
大丰堆镇东	31	58	45
放水闸	0	51	25
十号口门	90	55	73
万家码头	0	49	24

三、重金属污染状况

根据重金属污染状况指标评估标准,将大清河各监测断面 5 种不同重金属按汛期和非汛期分别进行赋分,取汛期和非汛期中 5 个重金属参数的最低赋分为重金属污染状况赋分。

非汛期和汛期大清河重金属污染状况指标赋分结果见表 5-19 和表 5-20。

表5-19 大清河非汛期各监测断面重金属状况指标赋分

单位:mg/L

断面名称	砷	赋分	汞	赋分	镉	赋分	六价铬	赋分	铅	赋分	重金属赋分
张坊	<0.0003	100	<0.00004	100	<0.00005	100	0.005	100	<0.00009	100	100
祖村	0.0014	100	0.00004	100	<0.00005	100	0.01	100	<0.00009	100	100
紫荆关	<0.0003	100	<0.00004	100	<0.00005	100	<0.004	100	<0.00009	100	100
郝家铺	<0.0003	100	<0.00004	100	<0.00005	100	<0.004	100	<0.00009	100	100
北河店	<0.0003	100	<0.00004	100	<0.00005	100	<0.004	100	<0.00009	100	100
平王	<0.0003	100	<0.00004	100	<0.00005	100	0.006	100	<0.00009	100	100
下河西	断流	0	断流	0	断流	0	断流	0	断流	0	0
大因	<0.0003	100	<0.00004	100	<0.00005	100	<0.004	100	<0.00009	100	100
松山	0.0006	100	0.00004	100	<0.00005	100	<0.004	100	<0.00009	100	100
贾辛庄	断流	0	断流	0	断流	0	断流	0	断流	0	0
安州	<0.0003	100	<0.00004	100	<0.00005	100	<0.004	100	<0.00009	100	100
北辛店	<0.0003	100	<0.00004	100	<0.00005	100	<0.004	100	<0.00009	100	100
水堡	<0.0003	100	<0.00004	100	<0.00005	100	0.005	100	<0.00009	100	100
中唐梅	<0.0003	100	<0.00004	100	<0.00005	100	<0.004	100	<0.00009	100	100
西新庄	断流	0	断流	0	断流	0	断流	0	断流	0	0

续表

断面名称	砷	赋分	汞	赋分	镉	赋分	六价铬	赋分	铅	赋分	重金属赋分
北青	断流	0	断流	0	断流	0	断流	0	断流	0	0
孝义河桥	<0.0003	100	<0.00004	100	<0.00005	100	<0.004	100	<0.00009	100	100
王林口	<0.0003	100	<0.00004	100	<0.00005	100	<0.004	100	<0.00009	100	100
北郭村	<0.0003	100	<0.00004	100	<0.00005	100	0.007	100	<0.00009	100	100
博士庄	断流	0	断流	0	断流	0	断流	0	断流	0	0
西里长	断流	0	断流	0	断流	0	断流	0	断流	0	0
安里屯	<0.0003	100	0.00005	100	<0.00005	100	0.011	99	<0.00009	100	99
南堤路	0.0016	100	<0.00004	100	<0.00005	100	0.004	100	0.00009	100	100
大丰堆镇东	0.0005	100	<0.00005	100	<0.00005	100	0.022	88	<0.00009	100	88
放水闸	0.002	100	0.00006	92	<0.00005	100	0.011	99	<0.00009	100	92
十号口门	0.002	100	0.00006	92	<0.00005	100	0.011	99	<0.00009	100	92
万家码头	0.0005	100	<0.00004	100	<0.00005	100	0.010	100	<0.00009	100	100

单位:mg/L

表5-20 大清河汛期各监测断面重金属状况指标赋分

断面名称	砷	赋分	汞	赋分	镉	赋分	六价铬	赋分	铅	赋分	重金属赋分
张坊	< 0.0003	100	< 0.00004	100	< 0.00005	100	0.005	100	< 0.00009	100	100
祖村	0.0014	100	0.00004	100	< 0.00005	100	0.01	100	< 0.00009	100	100
紫荆关	0.0008	100	0.00004	100	< 0.00005	100	< 0.004	100	< 0.00009	100	100
郝家铺	0.0006	100	0.00004	100	< 0.00005	100	< 0.004	100	< 0.00009	100	100
北河店	0.0015	100	0.00004	100	< 0.00005	100	< 0.004	100	< 0.00009	100	100
平王	0.0014	100	0.00004	100	< 0.00005	100	< 0.004	100	< 0.00009	100	100
下河西	断流	断流	断流	断流	断流	断流	断流	断流	断流	断流	0
大因	0.0006	100	0.00004	100	< 0.00005	100	< 0.004	100	< 0.00009	100	100
松山	0.0006	100	0.00004	100	< 0.00005	100	< 0.004	100	< 0.00009	100	100
贾辛庄	断流	断流	断流	断流	断流	断流	断流	断流	断流	断流	0
安州	< 0.0003	1000	< 0.00004	100	< 0.00005	100	< 0.004	100	< 0.00009	100	100
北辛店	< 0.0003	100	< 0.00004	100	< 0.00005	100	< 0.004	100	< 0.00009	100	100
水堡	< 0.0003	100	< 0.00004	100	< 0.00005	100	0.005	100	< 0.00009	100	100
中唐梅	0.0008	100	0.00004	100	< 0.00005	100	< 0.004	100	< 0.00009	100	100
西新庄	断流	断流	断流	断流	断流	断流	断流	断流	断流	断流	0

续表

断面名称	砷	赋分	汞	赋分	镉	赋分	六价铬	赋分	铅	赋分	重金属赋分
北青	断流	断流	断流	断流	断流	断流	断流	断流	断流	断流	0
孝义河桥	0.0035	100	0.00004	100	<0.00005	100	0.012	98	<0.00009	100	98
王林口	<0.0003	100	<0.00004	100	<0.00005	100	<0.004	100	<0.00009	100	100
北郭村	0.0019	100	0.00004	100	<0.00005	100	<0.004	100	<0.00009	100	100
博士庄	断流	断流	断流	断流	断流	断流	断流	断流	断流	断流	0
西里长	断流	断流	断流	断流	断流	断流	断流	断流	断流	断流	0
安里屯	<0.0003	100	0.00005	100	<0.00005	100	0.011	99	<0.00009	100	99
南堤路	0.002	100	0.00006	100	<0.00005	100	0.011	99	<0.00009	100	99
大丰堆镇东	0.002	100	0.00006	100	<0.00005	100	0.011	99	<0.00009	100	99
放水闸	0.002	100	0.00006	100	<0.00005	100	0.011	99	<0.00009	100	99
十号口门	0.002	100	0.00006	100	<0.00005	100	0.011	99	<0.00009	100	99
万家码头	0.002	100	0.00006	100	<0.00005	100	0.011	99	<0.00009	100	99

取大清河重金属赋分平均值作为该指标赋分值,结果见表5-21。

表 5-21 大清河重金属污染状况指标赋分取值表

站点名称	非汛期重金属赋分	汛期重金属赋分	重金属赋分
张坊	100	100	100
祖村	100	100	100
紫荆关	100	100	100
郝家铺	100	100	100
北河店	100	100	100
平王	100	100	100
下河西	0	0	0
大因	100	100	100
松山	100	100	100
贾辛庄	0	0	0
安州	100	100	100
北辛店	100	100	100
水堡	100	100	100
中唐梅	100	100	100
西新庄	0	0	0
北青	0	0	0
孝义河桥	100	98	98
王林口	100	100	100
北郭村	100	100	100
博士庄	0	0	0
西里长	0	0	0
安里屯	99	99	99

站点名称	非汛期重金属赋分	汛期重金属赋分	重金属赋分
南堤路	100	99	99
大丰堆镇东	88	99	88
放水闸	92	99	92
十号口门	92	99	92
万家码头	100	99	99

四、有机污染物

有机污染物多环芳烃、有机氯农药（六六六类、滴滴涕类）等有机物的检测，目前评价标准暂不健全，仅少种类有水质评价标准或半致死量，无法将其作为评估标准，故未将有机物纳入评估体系，在本次评价中仅作为参考。

五、水质准则层赋分

水质准则层包括溶解氧状况、耗氧有机物状况和重金属污染状况 3 项赋分指标。

根据河流健康评估水质准则层评估标准，以 3 个评估指标中赋分值及权重计算水质准则层赋分，如表 5-22 所示。

表 5-22　大清河各监测断面水质准则层赋分表

断面名称	DO	OCP	HMP	赋分	代表河长	水质准则层赋分
张坊	100	100	100	100	117.0	
祖村	100	73	100	91.9	121.0	76.1
紫荆关	100	100	100	100	67.0	

续表

断面名称	DO	OCP	HMP	赋分	代表河长	水质准则层赋分
郝家铺	100	100	100	100	44.0	
北河店	100	94	100	98.2	40.0	
平王	100	67	100	90.1	12.0	
下河西	0.00	0	0	0	44.0	
大因	41.55	87	100	77.17	105.0	
松山	100	100	100	100	43.0	
贾辛庄	0.00	0	0	0	66.0	
安州	100	92	100	97.6	55.0	
北辛店	100	87	100	96.1	160.0	
水堡	100	100	100	100	144.0	
中唐梅	100	100	100	100	75.0	
西新庄	0.00	0	0	0	93.0	
北青	0.00	0	0	0	47.0	76.1
孝义河桥	100	55	98	85.7	60.0	
王林口	100	100	100	100	119.0	
北郭村	100	78	100	93.4	119.0	
博士庄	0.00	0	0	0	96.0	
西里长	0.00	0	0	0	9.0	
安里屯	78.85	74	99	82.98	31.0	
南堤路	100	37	99	80.7	51.0	
大丰堆镇东	100	45	88	78.7		
放水闸	100	25	92	74.3	348.9	
十号口门	100	73	92	88.7		
万家码头	0.00	24	99	76.8	43.5	

第四节　生物

一、浮游植物指标

1.种类组成

2019 年对大清河各监测点位进行了两次浮游植物调查,通过调查大清河定性样品共检出浮游植物分属 6 门 57 种。大清河浮游植物种类组成及在各样点的分布如表 5-23 所示。

表 5-23　大清河浮游植物种类数量组成表　　　　单位:种

样点	蓝藻门	绿藻门	硅藻门	裸藻门	金藻门	甲藻门	共计
张坊	4	6	10	1	0	0	21
祖村	5	12	3	3	0	0	23
紫荆关	3	9	11	1	0	0	24
郝家铺	3	4	5	1	1	0	14
北河店	3	9	6	1	0	0	19
平王	2	10	5	1	1	0	19
大因	3	5	7	1	0	0	16
松山	4	5	9	0	0	0	18
安州	3	6	11	1	0	0	21
北辛店	2	3	7	1	1	0	14
水堡	4	6	10	1	0	0	21
中唐梅	2	6	9	1	0	0	18
孝义河桥	4	8	7	3	0	0	22

续表

样点	蓝藻门	绿藻门	硅藻门	裸藻门	金藻门	甲藻门	共计
王林口	2	3	7	1	1	0	14
北郭村	2	7	7	1	0	0	17
安里屯	3	6	8	1	0	0	18
南堤路	4	10	9	1	0	0	24
大丰堆镇东	3	4	5	1	1	0	14
放水闸	3	9	6	1	0	0	19
十号口门	5	12	3	1	0	0	21
万家码头	4	7	6	1	0	0	18
共计	7	16	1	1	4	17	46

2. 细胞密度

大清河系各监测点藻细胞密度如表 5-24 所示。

表 5-24　大清河各监测点位浮游植物细胞密度表　单位：105 个 /L

门类	蓝藻门	裸藻门	金藻门	硅藻门	绿藻门	总计
张坊	182.3	0.44		28.42	11.37	222.51
祖村	215.52			8.74	23.17	247.43
紫荆关	219.02	1.75		35.85	29.73	286.34
郝家铺	1249.4	1.75	10.49	5.25	5.25	1272.13
北河店	192.35	0.44	0	3.06	33.22	229.07
平王	326.56	0.44	6.12	2.62	0.87	336.61
大因	277.16			13.55	1.31	292.02
松山	226.01			22.73	8.74	257.49
安州	751.04			30.6	141.64	923.28

续表

门类	蓝藻门	裸藻门	金藻门	硅藻门	绿藻门	总计
北辛店	287.21	1.31	36.72	16.17	119.78	461.2
水堡	182.3	0.44		28.42	11.37	222.51
中唐梅	144.7			13.55	7.43	165.68
孝义河桥	140.77	83.5		12.68	12.24	249.18
王林口	287.21	1.31	36.72	16.17	119.78	461.2
北郭村	170.49	0.87		43.72	39.34	254.43
安里屯	254.86	0.44		6.56	0.44	262.3
南堤路	201.97	0.87		7.43	15.3	225.57
大丰堆镇东	845.03	0.44		30.16	126.34	1001.97
放水闸	1249.4	1.75	10.49	5.25	5.25	1272.13
十号口门	192.35	0.44	0	3.06	33.22	229.07
万家码头	738.36			75.63	332.24	1146.23

3. 浮游植物污生指数及赋分

根据海河流域河湖健康评估指标赋分标准中的浮游植物污生指数赋分标准,对大清河系浮游植物污生指数赋分,结果见表5-25。

表5-25 大清河各监测断面浮游植物污生指数及赋分表

样点	污生指数 S	赋分
张坊	2.09	60.36
祖村	2.31	54.69
紫荆关	2.26	56.10
郝家铺	2.43	51.63
北河店	2.46	50.89

续表

样点	污生指数 S	赋分
平王	2.20	57.50
大因	2.26	55.92
松山	2.16	58.47
安州	2.26	56.10
北辛店	2.63	46.88
水堡	2.09	60.36
中唐梅	2.14	59.09
孝义河桥	2.42	52.08
王林口	2.63	46.88
北郭村	2.27	55.77
安里屯	2.45	51.14
南堤路	2.40	52.50
大丰堆镇东	2.21	57.14
放水闸	2.21	57.14
十号口门	2.21	57.14
万家码头	2.19	57.69

二、大型底栖动物指标

1. 种类组成

大清河流域共采集到大型底栖动物 46 种，其中包括扁形动物门
（Platyhelminthes）1 种，环节动物门（Annelida）3 种，软体动物门（Mollusca）
6 种，节肢动物门（Arthropoda）36 种。总体上，大清河流域大型底栖动物生物

多样性处于一般水平。从耐污值（Tolerance Value，TV）看，TV ≤ 3 的敏感类群占 16.8%，TV ≥ 7 的耐污类群所占 42.9%。从出现频率看，最高的 3 个物种分别为霍甫水丝蚓（*Limnodrilus hoffmeisteri*）、中华摇蚊（*Chironomus sinicus*）和德永雕翅摇蚊（*Glyptotendipes tokunagai*），分别为 45.0%、35.0% 和 30.0%，3 个物种均为耐污值较高的种类，各监测点位底栖动物种类组成调查结果见表 5-26。

2. 分布特征

大清河流域底栖动物采样种类组成如表 5-26 所示，从底栖动物种类数的分布来看，大清河流域水域整体底栖动物种类较少，耐污类群较多。

表5-26 大清河底栖动物采样种类及密度

单位:ind./m³

种类	张坊	祖村	紫荆关	郝家铺	北河店	平王	大因	松山	安州镇	水堡	中唐梅	孝义河桥	王林口	北郭村	安里屯	南堤路	大丰镇东	放水闸	十号口门	万家码头
三角真涡虫													10							
苏氏尾鳃蚓									30	7										
霍甫水丝蚓			7				3		550											
扁蛭	10																			
铜锈环棱螺			20			23			15		20								23	
纹沼螺				3							20	3								
椭圆萝卜螺	10		63	13		123		7											123	
凸旋螺						7	3												7	
河蚬			40																	
光滑狭口螺	20																			
中华新米虾	5																			
中华小长臂虾					3													3		
日本新糠虾																	15			
日本沼虾															15	10				20
秀丽沼虾																			20	10
项圈无突摇蚊	30						60			3										60

续表

种类	张坊	祖村	紫荆关	郝家铺	北河店	平王	大因	松山	安州镇	水堡	中唐梅	孝义河桥	王林口	北郭村	安里屯	南堤路	大丰镇东	放水闸	十号口门	万家码头
花翅前突摇蚊								20	15											
刺铁长足摇蚊		7	10	7						60			3	27						
林间环足摇蚊		27	7	10	47			13	5	20	3				115	10	25	47		450
双线环足摇蚊	780																			
红裸须摇蚊					3										20			3		
高山拟突摇蚊			3							7										
中华摇蚊		30					120					17		427						130
德永雕翅摇蚊		13							5	3			3	3	215					140
异带小突摇蚊																10				
步行多足摇蚊			7		17		7	7		20			7	7	60	15	15	17		
小云多足摇蚊							35								10	5		35	90	
云集多足摇蚊	35																			
斯蒂齿斑摇蚊													70							
台湾长附摇蚊	30	17	7	47						13										
乌那长附摇蚊													7	7						
四节蜉	210	3	7	73	3	7	3	7	7	533								3	7	

续表

种类	张坊	祖村	紫荆关	郝家铺	北河店	平王	大因	松山	安州镇	水堡	中唐梅	孝义河桥	王林口	北郭村	安里屯	南堤路	大丰镇东	放水闸	十号口门	万家码头
蜉蝣								7												
亚洲瘦蟌	20							7							15	5				
黄蜻			7						15						30					
蓝纹蟌									5											
混合蜓				3						7			3							
小划蝽											5		5							
日本负子蝽																			3	
蜻蜓										3					10					
纹石蛾	20																			
黄边龙虱	10			30																
蚋			7																	
朝大蚊	5			10													10			
须蠓				3																
毛蠓		5																		
合计	1165	102	198	202	73	163	231	68	640	676	48	20	108	471	490	55	65	108	273	810

参考点的确定：参考点和干扰点的确定是建立 B-IBI 指数及评价标准的首要条件。Morley 和 Blocksom 等按照干扰程度的大小分为无干扰样点、干扰极小样点和干扰样点。大清河流域地处京津冀晋，人口较密集，人类活动强度普遍较高，几乎无法找到无干扰样点和干扰极小样点作为参考点。因此，结合已有研究成果关于参考点的选择原则：百分比模式相似性指数（Percent Model Affinity，PMA）≥ 50；水质综合标准在Ⅲ类标准以上样点作为参考点，大清河流域采样点作为受损点。

B-IBI 备选生物指数的选取：用于建立 B-IBI 指标体系的大型底栖动物指标较多，且每个指标必须对环境因子（化学、物理、水动力学和生物等）的变化反应敏感，计算方法简便，生物学意义清晰。为准确反映环境变化对大清河流域目标生物（个体、种群、群落）数量、结构和功能的影响，客观有效地评价研究区域水生态健康状况，结合大清河流域大型底栖动物群落结构实际情况，本研究选取 4 个大类分类单元数、各类群相对丰度、生物耐受性、功能摄食群共计19 个参数作为备选指标（表 5-27），进行 B-IBI 评价体系的构建。

表 5-27　候选指标及其对干扰的反应

指标序号	指标类型	指标	对干扰的反应
M1	分类单元数	总分类单元数	降低
M2		EPT 分类单元数 *	降低
M3		摇蚊科分类单元数	可变
M4		（甲壳类＋软体类）分类单元数	降低
M5	相对丰度	总生物量	可变
M6		优势类群所占百分比	降低
M7		前三位优势类群所占百分比	升高
M8		颤蚓类所占百分比	升高

续表

指标序号	指标类型	指标	对干扰的反应
M9	相对丰度	摇蚊科所占百分比	升高
M10		蜉蝣类所占百分比	降低
M11		（甲壳类+软体类）所占百分比	降低
M12	生物耐受性	敏感类群分类单元数	降低
M13		耐污类群所占百分比	升高
M14		敏感类群所占百分比	降低
M15		耐污类群生物量	升高
M16		敏感类群生物量	降低
M17		生物指数（Botic Index）	升高
M18	功能摄食群	捕食者所占百分比	可变
M19		（收集者+集食者）所占百分比	降低

*EPT 分类单元数为蜉蝣目（Ephemeroptera）、襀翅目（Plecoptera）和毛翅目（Trichoptera）三个类群分类单元数之和。

候选生物指数的筛选：计算 19 个候选生物参数在大清河流域采样点的各分位数和的数值范围，如表 5-28，指数值太小、分布范围太小或太大的指数不适宜参与构建 B-IBI 评价指标体系，予以剔除。对剩余的参数在参考点和受损点的分布情况制作箱体图，根据二者箱体的重叠情况，对 IQ（Inter quartile）赋予不同的值。如二者箱体无重叠，IQ=3；箱体部分重叠，但各自中位数值都在对方箱体范围之外，IQ=2；仅一个中位数值在对方箱体范围之内，IQ=1；各自中位数值都在对方箱体范围之内，IQ=0。IQ=0 和 IQ=1 时，说明该参数在参考点和受损点之前的差异较小，本研究仅对 IQ ≥ 2 的指数进行进一步分析。

表 5-28　19 个生物指数值在参照点的分布情况

指标编号	最小值	25% 分位数值	中位数值	75% 分位数值	最大值	平均值
M1	10.00	11.25	15.00	16.25	19.00	13.75
M2	0.00	1.00	2.00	4.25	5.00	2.75
M3	1.00	3.50	6.00	8.50	12.00	6.50
M4	2.00	3.00	4.50	5.75	7.00	3.25
M5	3.28	4.69	10.25	19.21	33.09	12.08
M6	0.30	0.35	0.52	0.60	0.64	0.49
M7	0.61	0.70	0.78	0.82	0.91	0.80
M8	0.04	0.04	0.10	0.40	0.49	0.18
M9	0.21	0.27	0.67	0.72	0.80	0.55
M10	0.00	0.02	0.03	0.10	0.11	0.04
M11	0.00	0.01	0.02	0.06	0.07	0.02
M12	1.00	1.25	2.00	2.75	4.00	1.00
M13	0.20	0.24	0.33	0.53	0.58	0.46
M14	0.14	0.22	0.40	0.52	0.55	0.37
M15	4.17	6.19	11.29	19.36	22.38	10.28
M16	1.32	2.36	3.48	5.69	8.75	4.52
M17	4.38	5.19	6.08	7.47	8.92	6.42
M18	0.53	0.55	0.63	0.70	0.79	0.63
M19	0.22	0.24	0.28	0.34	0.38	0.29

相关性分析：基于 SPSS 19.0 统计分析软件，对 $IQ \geqslant 2$ 的参数进行 Spearman 相关性分析，当两个指数的相关系数 $|r| > 0.75$，表明两个指数间所反映信息大部分是重叠的，选其中一个指标即可。根据相关系数，考虑指数重要

性，最终确定大清河流域 B–IBI 的指数包括总分类单元数（M1）、优势类群所占百分比（M6）、摇蚊科所占百分比（M9）和敏感类群生物量（M16）4 个指标。候选生物参数在参考点和受损点的箱线图如图 5–6 所示。

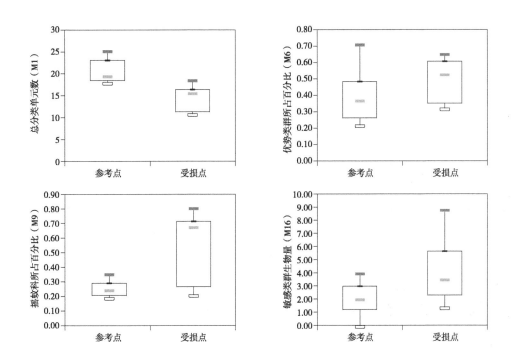

图 5-6　候选生物参数在参考点和受损点的箱线图

记分标准的建立：比值法是最常用的对生物指数计分的方法。本研究亦采用比值法计算生物指数值，对于受干扰越强而值越低的生物指数，以 95% 分位数为最佳期望值，各参数的分值等于参数实际值除以最佳期望值；对于受干扰越强而值越高的指数，则以 5% 分位数为最佳期望值，计算方法为（最大值实际值)/(最大值最佳期望值）。根据各参数值在所有样点中的分布，确定计算各参数分值的比值法计算公式（表 5–29），并依此计算各样点的指数分值。

表5-29　比值法计算3个参数分值的公式

参数	计算公式
总分类单元数（M1）	M1 / 18
优势类群所占百分比（M6）	M6 / 0.62
摇蚊科所占百分比（M9）	（0.80—M9）/（0.80—0.23）
敏感类群生物量（M16）	M6 / 8.65

按照参照点 B–IBI 值分布的 25% 分位数法进行指标体系的最终划分，如果样点的 B–IBI 值大于等于 25% 分位数值，则表示该样点受到的干扰很小，是健康的。小于 25% 分位数值的分布范围，根据需要可以 4 等分，分别代表不同的健康程度，最终确定大清河流域大型底栖动物完整性评价标准，由此获得大清河系基于大型底栖动物完整性指数的评价结果，如表 5–30 所示。

表5-30　大清河系基于大型底栖动物完整性指数的评价结果

样点	BIBI 指数	赋分
张坊	2.38	77.71
祖村	2.64	86.24
紫荆关	2.38	77.71
郝家铺	2.07	67.65
北河店	2.43	79.34
平王	1.88	61.37
下河西	断流	0.00
大因	2.64	86.24
松山	2.17	70.83
贾辛庄	断流	0.00
安州	2.09	68.45

续表

样点	BIBI 指数	赋分
北辛店	1.85	60.46
水堡	3.06	100.00
中唐梅	1.26	41.03
西新庄	断流	0.00
北青	断流	0.00
孝义河桥	0.53	17.25
王林口	2.74	89.69
北郭村	2.43	79.34
博士庄	断流	0.00
西里长	断流	0.00
安里屯	2.80	91.56
南堤路	2.53	82.79
大丰堆镇东	2.53	82.79
放水闸	2.09	68.26
十号口门	2.30	75.16
万家码头	1.22	39.71

三、鱼类生物损失指标

鱼类物种名录采用大清河系鱼类物种名录。

1. 历史鱼类种类

《中国淡水鱼类的分布区划》记录了海河流域内河流的常见鱼类,但未对大清河水系的鱼类进行详细叙述。

王所安等（1987）于 1983 年对位于河北省境内的各河段进行了定点调查，对所获 597 号鱼类标本进行分析，共发现鱼类 34 种，隶属 3 目 7 科 27 属，以第三纪早期的鲤鱼、鲫鱼、棒花鱼、麦穗鱼等鲤亚科鱼类为主。

李国良（1986）总结了过去 100 余年来有关河北淡水鱼类分类学资料，并根据天津自然博物馆历年所采集的标本，于 1975 年整理出《河北省淡水鱼类名录》，并在接下来几年中对大清河系进行鱼类考察和补充采集，共记录大清河鱼类为 36 种。

郑葆珊等（1960）对白洋淀鱼类进行调查，调查得到鱼类 8 目 17 科 53 种，以鲤形目鱼类为主。

本研究参考上述资料，将历史大清河曾在文献资料中记录的鱼类进行汇总，见表 5-31，共计 9 目 18 科 77 种，其中鲤形目种类最多。

表 5-31　大清河历史鱼类种类组成表

目 Order	科 Family	种 Species
鲤形目 Cypriniformes	鲤科 Cyprinidae	鲤 *Cyprinus carpio*
		鲫 *Carassius auratus*
		草鱼 *Ctenopharyngodon idellus*
		青鱼 *Mylopharyngodon piceus*
		马口鱼 *Opsariicjthys bidens*
		宽鳍鱲 *Zacco platypus*
		拉氏鱥 *Rhynchocypris lagowskii*
		鰵鲦 *Hemiculter leucisculus*
		红鳍原鲌 *Cultrichthys erythropteru*
		高体鳑鲏 *Rhodeus ocellatus*
		麦穗鱼 *Pseudorasbora parva*
		黑鳍鳈 *Sarcocheilichthys nigripinniss*

续表

目 Order	科 Family	种 Species
鲤形目 Cypriniformes	鲤科 Cyprinidae	东北颌须鮈 *Gnathopogon mantschuricus*
		点纹银鮈 *Squalidus wolterstorffi*
		兴隆山小鳔鮈 *Microphysogobio tafangensis*
		棒花鱼 *Abbottina rivularis*
		鳙 *Aristichthys nobilis*
		鲢 *Hypophthalmichthys molitrix*
	鳅科 Cobitidae	北方须鳅 *Barbatula nuda*
		中华花鳅 *Cobitinae sinensis*
		大鳞副泥鳅 *Paramisgurnus dabryanus*
		泥鳅 *Misgurnus anguillicaudatus*
鲇形目 Siluriformes	鲿科 Bagridae	黄颡 *Pelteobagrus fulvidraco*
	鲇科 Siluridae	鲇 *Parasilurus asotus*
鲈形目 Perciformes	沙塘鳢科 Odontobutidae	黄黝鱼 *Hypseleotris swinhonis*
	鰕虎鱼科 Gobiidae	子陵吻鰕虎鱼 *Rhinogobius giurinus*
		波氏吻鰕虎鱼 *Rhinogobius cliffordpopei*
	刺鳅科 Mastacembelidae	中华刺鳅 *Sinobdella sinensis*
	斗鱼科 Belontiidae	圆尾斗鱼 *Macropodus ocellatus*
鳢形目 Ophiocephaliformes	鳢科 Ophiocephalidae	乌鳢 *Ophiocephalus argus*
合鳃目 Synbranchiformes	合腮鱼科 Synbranchdae	黄鳝 *Monopterus albus*
鳉形目 Cyprinodontiformes	大颌鳉科 Adrianichthyidae	中华青鳉 *Oryzias latipessinensis*
胡瓜鱼目 Osmeriformes	胡瓜鱼科 Osmeridae	池沼公鱼 *Hypomesus olidus*

2. 鱼类现存种类

为了解大清河的目前的鱼类种群组成,对大清河系进行了鱼类种类野外调查并走访了当地渔民,同时参考相关文献资料,经调查和统计,大清河系目前共采集到 7 目 12 科 33 种,具体鱼类名录见表 5-32。本次采集到的鱼类基本都是北方的常见种,调查发现多处河流出现规模的鲫鱼群落,出现频率高,其次是麦穗和棒花鱼。

表 5-32　大清河现状鱼类种类组成表

目 Order	科 Family	种 Species
鲤形目 Cypriniformes	鲤科 Cyprinidae	鲤 *Cyprinus carpio*
		鲫 *Carassius auratus*
		草鱼 *Ctenopharyngodon idellus*
		青鱼 *Mylopharyngodon piceus*
		马口鱼 *Opsariicjthys bidens*
		宽鳍鱲 *Zacco platypus*
		拉氏鱥 *Rhynchocypris lagowskii*
		鳌鲦 *Hemiculter leucisculus*
		红鳍原鲌 *Cultrichthys erythropteru*
		高体鳑鲏 *Rhodeus ocellatus*
		麦穗鱼 *Pseudorasbora parva*
		黑鳍鳈 *Sarcocheilichthys nigripinniss*
		东北颌须鮈 *Gnathopogon mantschuricus*
		点纹银鮈 *Squalidus wolterstorffi*
		兴隆山小鳔鮈 *Microphysogobio tafangensis*
		棒花鱼 *Abbottina rivularis*
		鳙 *Aristichthys nobilis*
		鲢 *Hypophthalmichthys molitrix*

续表

目 Order	科 Family	种 Species
鲤形目 Cypriniformes	鳅科 Cobitidae	北方须鳅 *Barbatula nuda*
		中华花鳅 *Cobitinae sinensis*
		大鳞副泥鳅 *Paramisgurnus dabryanus*
		泥鳅 *Misgurnus anguillicaudatus*
鲇形目 Siluriformes	鲿科 Bagridae	黄颡 *Pelteobagrus fulvidraco*
	鲇科 Siluridae	鲇 *Parasilurus asotus*
鲈形目 Perciformes	沙塘鳢科 Odontobutidae	黄黝鱼 *Hypseleotris swinhonis*
	鰕虎鱼科 Gobiidae	子陵吻鰕虎鱼 *Rhinogobius giurinus*
		波氏吻鰕虎鱼 *Rhinogobius cliffordpopei*
	刺鳅科 Mastacembelidae	中华刺鳅 *Sinobdella sinensis*
	斗鱼科 Belontiidae	圆尾斗鱼 *Macropodus ocellatus*
鳢形目 Ophiocephaliformes	鳢科 Ophiocephalidae	乌鳢 *Ophiocephalus argus*
合鳃目 Synbranchiformes	合腮鱼科 Synbranchdae	黄鳝 *Monopterus albus*
鳉形目 Cyprinodontiformes	大颌鳉科 Adrianichthyidae	中华青鳉 *Oryzias latipessinensis*
胡瓜鱼目 Osmeriformes	胡瓜鱼科 Osmeridae	池沼公鱼 *Hypomesus olidus*

3. 鱼类损失指数赋分及完整性评估

本次评估中历史鱼类有 85 种，目前鱼类现状调查及整理共有 33 种。目前鱼类现状调查及整理共有种，根据评估标准计算如下：

$$FOE = \frac{FO}{FE} = \frac{33}{85} = 0.388$$

式中：FOE 为鱼类生物损失指数，FO 为评估河段调查获得的鱼类种类数量。

　　根据鱼类生物损失指数赋分标准表进行计算，大清河鱼类指标赋分为
21.1 分。

四、生物准则层赋分

　　大清河生物准则层评估调查包括浮游植物污生指数、底栖动物 BIBI 指数
以及鱼类生物损失指数 3 个指标。以 3 个评估指标的赋分值及权重计算生物准
则层赋分，生物准则层赋分为 39.19 分。大清河系各监测断面生物准则层赋分
详细情况见表 5-33。

表5-33 大清河生物准则层指标赋分表

断面名称	浮游植物污生指数	权重	底栖动物 BIBI 指数	权重	鱼类生物损失指数	权重	赋分	代表河长	总赋分
张坊	60.36	0.3	77.71	0.3	21.1	0.4	21.4	117.0	
祖村	54.69	0.3	86.24	0.3	21.1	0.4	30.6	121.0	
紫荆关	56.10	0.3	77.71	0.3	21.1	0.4	34.1	67.0	
郝家铺	51.63	0.3	67.65	0.3	21.1	0.4	40.5	44.0	
北河店	50.89	0.3	79.34	0.3	21.1	0.4	32.2	40.0	
平王	57.50	0.3	61.37	0.3	21.1	0.4	31.1	12.0	
下河西	0.00	0.3	0.00	0.3	21.1	0.4	8.4	44.0	
大因	55.92	0.3	86.24	0.3	21.1	0.4	28.6	105.0	39.19
松山	58.47	0.3	70.83	0.3	21.1	0.4	34.2	43.0	
贾辛庄	0.00	0.3	0.00	0.3	21.1	0.4	8.4	66.0	
安州	56.10	0.3	68.45	0.3	21.1	0.4	28.5	55.0	
北辛店	46.88	0.3	60.46	0.3	21.1	0.4	18.7	160.0	
水堡	60.36	0.3	100.00	0.3	21.1	0.4	43.1	144.0	
中唐梅	59.09	0.3	41.03	0.3	21.1	0.4	35.2	75.0	
西新庄	0.00	0.3	0.00	0.3	21.1	0.4	8.4	93.0	

续表

断面名称	浮游植物污生指数	权重	底栖动物 BIBI 指数	权重	鱼类生物损失指数	权重	赋分	代表河长	总赋分
北青	0.00	0.3	0.00	0.3	21.1	0.4	8.4	47.0	
孝义河桥	52.08	0.3	17.25	0.3	21.1	0.4	29.1	60.0	
王林口	46.88	0.3	89.69	0.3	21.1	0.4	36.3	119.0	
北郭村	55.77	0.3	79.34	0.3	21.1	0.4	48.9	119.0	
博士庄	0.00	0.3	0.00	0.3	21.1	0.4	26.4	96.0	
西里长	0.00	0.3	0.00	0.3	21.1	0.4	8.4	9.0	39.19
安里屯	51.14	0.3	91.56	0.3	21.1	0.4	17.1	31.0	
南堤路	52.50	0.3	82.79	0.3	21.1	0.4	27.9	51.0	
大丰堆镇东	57.14	0.3	82.79	0.3	21.1	0.4	36.3		
放水闸	57.14	0.3	68.26	0.3	21.1	0.4	35.1	348.9	
十号口门	57.14	0.3	75.16	0.3	21.1	0.4	34.1		
万家码头	57.69	0.3	39.71	0.3	21.1	0.4	35.3	43.5	

第五节 社会服务功能

一、水功能区达标指标

大清河水功能区个数 7 个，具体见表 5-34。其中缓冲区 3 个，饮用水源地 2 个，工业用水区 1 个。2018 年参加评估水功能区 6 个，4 个水功能区的达标频率为 100%，大清河冀津缓冲区和北大港水库天津饮用、工业、农业水源区水质较差，全年水质类别均为劣 V 类，水功能区达标率为 0。大清河河流水功能区水质平均达标率为 66.7%。

表 5-34　大清河功能区达标情况一览表

序号	水功能区名称	类型	监测断面	水质目标	评价次数	达标次数	年达标率	达标状况
1	拒马河冀京缓冲区	Ⅱ	张坊	Ⅲ	12	12	100%	达标
2	拒马河河北保定饮用水源区	Ⅲ	紫荆关	Ⅱ	12	12	100%	达标
3	唐河晋冀缓冲区	Ⅲ	水堡	Ⅲ	12	12	100%	达标
3	唐河河北保定饮用水源区	Ⅰ	中唐梅	Ⅱ	12	12	100%	达标
5	唐河河北保定缓冲区	断流	北青	Ⅲ				
6	大清河冀津缓冲区	劣V	安里屯	Ⅲ	10	0	0%	不达标
7	北大港水库天津饮用、工业、农业水源区	劣V	北大港水库	Ⅲ	12	0	0%	不达标

水功能区达标率指标赋分计算如下：

$$WFZr = WFZP \times 100$$

式中，WFZPr 为评估河流水功能区水质达标率指标赋分，WFZP 为评估河流水功能区水质达标率。

因此,大清河水功能区水质达标率指标赋分为 66.7 分。

二、水资源开发利用指标

根据大清河水资源多年监测结果,2017 年大清河年水资源总量为 40.97 亿 m³。2017 年大清河区域内总用水量为 63.61 亿 m³,其中,农业用水量 32.67 亿 m³,林牧渔畜用水量 3.32 亿 m³,工业用水量 8.84 亿 m³,城镇公共用水量 2.87 亿 m³,生活用水量为 8.76 亿 m³,生态环境用水量 7.04 亿 m³,其他用水量 0.11 亿 m³。

大清河流域水资源开发利用率 ≥ 100%,赋分为 0 分。

三、防洪指标

大清河流域骨干河道现状防洪标准如表 5-35。

表 5-35　大清河流域骨干河道现状防洪标准表(行洪能力)　单位:m³/s

河道名称	设计标准(行洪能力)	现状行洪能力
防潮闸—东千米桥	3200	2000
东千米桥—西千米桥	3200	2000
西千米桥—陈台子	3200	2000
陈台子—进洪闸	3200	2000
新盖房—任庄子	67	67
任庄子—安里屯	800	800
安里屯—台头镇	800	800

续表

河道名称	设计标准（行洪能力）	现状行洪能力
台头镇—第六埠	300	300
枣林庄 – 苟各庄	2300	1500–1800
苟各庄—任庄子	2700	1500—1800
新盖房—刘家铺	5000	1500
引河闸下—留通	500	300
二龙坑—白沟	3000	1800—2000
北河店—东马营	3630	3000—3500
北郭村—陈村分洪道	3000	2000
陈村分洪道—入淀口	1500	1000
陈村—南圈头	1500	800
铁路桥—东石桥	900	300
东石桥—牛角	2300	1200
牛角—同口	3990	2500

根据《大清河系防洪规划》，考虑到海河流域目前水资源短缺的现状，大清河系上游水量大大减少，中下游部分河道干涸断流，大清河系尤其中下游防洪设计标准较高，蓄滞洪区较完善，且防洪预案较完善，河道宽阔，中上游有众多的大中型水库蓄水调峰，因此可认为大清河系现行洪能力基本满足行洪需求。因此根据防洪指标公式计算，如下所示：

$$FLD = \frac{\sum_{n=1}^{NS} (RIVLn \times RIVWFn \times RIVBn)}{\sum_{n=1}^{NS} (PIVLn \times RIVWFn)}$$

式中,*FLD* 为河流防洪指标;*RIVLn* 为河段 *n* 的长度,评估河流根据防洪规划划分的河段数量;*RIVBn* 为根据河段防洪工程是否满足规划要求进行赋值,达标 *RIVBn*=1,不达标 *RIVBn*=0;*RIVWFn* 为河段规划防洪标准重现期（如100 年）。

根据防洪指标赋分标准表,对大清河防洪指标进行计算,大清河干流防洪指标赋分为 85 分。

四、公众满意度指标

本次大清河公众满意度调查,共收集了 50 份公众满意度调查表,其中有效公众满意度调查表 21 份,沿河居民满意度调查表 12 份,平均赋分 72 分;河道管理者满意度调查表 3 份,平均赋分 91 分;河道周边从事生产活动者满意度调查表 3 份,平均赋分 64 分;旅游经常来河流者满意度调查表 1 份,平均赋分 69 分;旅游偶尔来河流者满意度调查表 2 份,平均赋分 82 分。

根据下面公式对大清河公众满意度调查综合赋分进行计算:

$$pPr = \frac{\sum_{n=1}^{NPS}(PERr \times pERw)}{\sum_{n=1}^{NPS}(pERw)}$$

式中,*pPr* 为公众满意度指标赋分,*PERr* 为不同公众类型有效调查评估赋分,*PERw* 为公众类型权重。其中,沿河居民权重为 3,河道管理者权重为 2,河道周边从事生产活动者为 1.5,旅游经常来河道者为 1,旅游偶尔来河道者为 0.5。

调查计算结果表明:大清河公众满意度调查赋分值为 75.5 分。

五、社会服务功能准则层赋分

大清河社会服务功能准则层包括水功能区达标率、水资源开发利用率、防洪指标以及公众满意度指标 4 个指标，赋分为 55.6 分。大清河社会服务功能准则层赋分详细情况见表 5-36。

表 5-36 大清河社会服务功能准则层指标赋分表

指标层	指标值	权重	赋分
水功能区达标指标	66.7	0.25	16.7
水资源开发利用指标	0	0.25	0
防洪指标	80	0.25	20.0
公众满意度	75.5	0.25	18.9
社会服务功能			55.6

第六节 大清河健康总体评估

大清河健康评估包括 5 个准则层，基于水文水资源、物理结构、水质和生物准则层评估河流生态完整性，综合河流生态完整性和河流社会功能准则层得到河流健康评估赋分。

一、各监测点位所代表河长生态完整性赋分

评价各段河长生态完整性赋分按照以下公式计算各河段四个准则层的赋分：

$$REI = HDr \times HDw + PHr \times PHw + WQr \times WQw + AFr \times AFw$$

式中：REI、HDr、HDw、PHr、PHw、WQr、WQw、AFr、AFw 分别为河段生态完整性状况赋分、水文水资源准则层赋分、水文水资源准则层权重、物理结构准则层赋分、物理结构准则层权重、水质准则层赋分、水质准则层权重、生物准则层赋分、生物准则层权重。

参考"河流标准"，水文水资源、物理结构、水质和生物准则层的权重依次为：0.2、0.2、0.2 和 0.4。

根据河段长度及大清河各监测点位生态完整性状况赋分计算评估河流生态完整性总赋分为 44.62 分，如表 5-37 所示。

表 5-37 大清河各监测点位生态完整性状况赋分表

监测点位	水文水资源	权重	物理结构	权重	水质	权重	生物	权重	生态完整性赋分	代表河长（km）	总赋分
张坊	73.24	0.2	60.4	0.2	100	0.2	21.4	0.4	34.1	117.0	
祖村	73.24	0.2	47.7	0.2	91.9	0.2	30.6	0.4	41.1	121.0	
紫荆关	73.24	0.2	57.9	0.2	100	0.2	34.1	0.4	48.4	67.0	
郝家铺	73.24	0.2	52.4	0.2	100	0.2	40.5	0.4	55.7	44.0	
北河店	73.24	0.2	46.2	0.2	98.2	0.2	32.2	0.4	51.4	40.0	
平王	73.24	0.2	45.6	0.2	90.1	0.2	31.1	0.4	49.4	12.0	
下河西	0	0.2	35.3	0.2	0	0.2	8.4	0.4	6.9	44.0	44.62
大因	2.31	0.2	51.2	0.2	77.17	0.2	28.6	0.4	25.7	105.0	
松山	0	0.2	51.5	0.2	100	0.2	34.2	0.4	39.3	43.0	
贾辛庄	0	0.2	41.4	0.2	0	0.2	8.4	0.4	6.4	66.0	
安州	70	0.2	43.4	0.2	97.6	0.2	28.5	0.4	47.1	55.0	
北辛店	74.68	0.2	51.7	0.2	96.1	0.2	18.7	0.4	28.3	160.0	
水堡	74.68	0.2	46.2	0.2	100	0.2	43.1	0.4	57.0	144.0	
中唐梅	74.68	0.2	49.1	0.2	100	0.2	35.2	0.4	57.7	75.0	
西新庄	74.68	0.2	43.8	0.2	0	0.2	8.4	0.4	20.7	93.0	

续表

监测点位	水文水资源	权重	物理结构	权重	水质	权重	生物	权重	生态完整性赋分	代表河长（km）	总赋分
北青	74.68	0.2	40.7	0.2	0	0.2	8.4	0.4	22.2	47.0	
孝义河桥	0	0.2	45.1	0.2	85.7	0.2	29.1	0.4	20.1	60.0	
王林口	2.76	0.2	48.8	0.2	100	0.2	36.3	0.4	40.5	119.0	
北郭村	65.76	0.2	49.4	0.2	93.4	0.2	48.9	0.4	35.8	119.0	
博士庄	65.76	0.2	46.8	0.2	0	0.2	26.4	0.4	10.0	96.0	
西里长	—	0.2	45.1	0.2	0	0.2	8.4	0.4	—	9.0	44.62
安里屯	—	0.2	42.4	0.2	82.98	0.2	17.1	0.4	—	31.0	
南堤路	—	0.2	42.9	0.2	76.8	0.2	27.9	0.4	—	51.0	
大丰堆镇东	—	0.2	42.9	0.2	80.7	0.2	36.3	0.4	—		
放水闸	—	0.2	42.9	0.2	78.7	0.2	35.1	0.4	—	348.9	
十号口门	—	0.2	46.1	0.2	74.3	0.2	34.1	0.4	—		
万家码头	—	0.2	42.9	0.2	88.7	0.2	35.3	0.4	—	43.5	

二、河流健康评估赋分

根据如下公式,综合河流生态完整性评估指标赋分和社会服务功能指标评估赋分结果。

$$RHI = REI \times REw + SSI \times SSw$$

$$= 44.62 \times 0.7 + 55.6 \times 0.3$$

$$= 47.91$$

式中:RHI、REI、REw、SSI、SSw 分别为河流健康目标处赋分、生态完整性状况赋分、生态完整性状况赋分权重、社会服务功能赋分、社会服务功能赋分权重。参考"河流标准",生态完整性状况赋分和社会服务功能赋分权重分别为0.7 和 0.3。经计算河流健康评估赋分为 47.91 分,为"亚健康"状态。

26000

…

第七节 大清河健康评估整体特征

通过对大清河各监测断面的5个准则层15个指标层调查评估结果进行逐级加权、综合评估，计算得到大清河健康赋分为43.25分。根据河流健康分级原则，大清河评估年健康状况结果处于"亚健康"等级，见表5-38及图5-7。

表5-38 大清河准则层健康赋分及等级

准则层及目标层	赋分	健康等级
水文水资源	41.08	亚健康
物理结构	47.60	亚健康
水质	76.10	健康
生物	39.19	不健康
社会服务功能	55.60	亚健康
大清河整体健康	47.91	亚健康

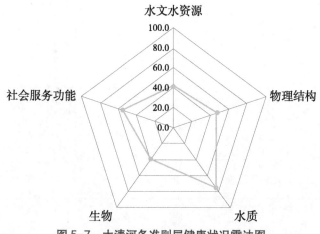

图5-7 大清河各准则层健康状况雷达图

从大清河 5 个准则层的评估结果来看,目前大清河水文水资源准则层赋分 41.08 分,处于"亚健康"等级;物理结构准则层赋分 47.60 分,处于"亚健康"等级;水质准则层赋分 71.60 分,处于"健康"等级;生物准则层赋分 39.19 分,处于"不健康"等级;社会服务功能准则层赋分 55.60 分,处于"亚健康"等级。

第六章

白洋淀健康评估

白洋淀属于海河流域大清河水系。白洋淀以上流域地跨京、冀、晋三省（直辖市）38个县（市），流域面积3.12万 km²。主要入淀河流有潴龙河、孝义河、唐河、府河、漕河、瀑河、萍河和白沟引河，这些河流将上游的洪沥水汇入白洋淀，通过淀区调节，由枣林庄节制闸及十方院溢流堰控制下泄入大清河干流，经独流减河入海。

白洋淀是大清河流域缓洪滞沥的大型平原洼淀，为华北平原最大的淡水湿地生态系统，具有的生态功能可概括为：缓洪滞沥，调节气候、蓄水兴利，渔苇生产，旅游景观，补充水耗，保护生物多样性和维护水体自然净化能力。

根据白洋淀健康评估体系，对生态完整性和社会服务功能中的水文水资源、物理结构、水质、生物和社会服务功能5个准则层17个评估指标，通过资料搜集、现场勘察与调查、取样监测等工作，获取评估数据，并根据数据对白洋淀健康状况进行评估。

第一节　水文水资源

水文水资源准则层根据湖泊最低生态水位满足状况（ML）、入湖流量变异程度（IFD）2个指标进行计算。

一、湖泊最低生态水位满足状况

1.计算方法选取

湖泊生态环境需水量过程中，湖泊水量平衡法和换水周期法因为遵循自然湖泊水量动态平衡的基本原理和出入湖水量交换的基本规律，适用于人为干扰较小的闭流湖或水量充沛的吞吐湖的保护管理。

对于干旱、缺水区域或人为干扰严重的湖泊，湖泊入湖流量很少，出湖流量极少或为零，或者湖泊存在季节性缺水和水质性缺水，如果大量取用，湖泊生态系统难以维持，也就是说，不能保持自然状态下的湖泊水量平衡和换水的周期。这类湖泊比较适合利用最小水位法来计算湖泊最小生态环境需水量，首先保证维持湖泊生态系统或湖泊生物栖息地所需要的最小水量，以遏制和减缓湖泊生态系统急剧恶化的趋势。需要系列与水位相关生物学和生态学数据的技术支持。

功能法是以生态系统生态学为理论基础，从湖泊生态环境功能维持和恢复的角度，以保护和重建湖泊生态系统的生物多样性和生态完整性为目的，遵循生态优先、兼容性、最大值和等级制原则，系统全面地计算湖泊生态环境需水量。但是，现阶段缺乏野外和实验室内的实例研究，只能对湖泊生态环境需水量进行静态估算。在生态环境系列数据的支持下，可以建立动态模型对需水量进行预测。

白洋淀位于半干旱、半湿润的华北平原，属于缺水区域，且人为干扰严重的湖泊，因此采用最低生态水位法进行计算和评估。

2. 最低生态水位

在分析确定湖泊最低生态水位时，综合以下方面的因素，选取各水位的最大值作为最低生态水位，公式表达如下所示：

$$Hmin=max（H1、H2、H3、H4）$$

式中，Hmin 为湖泊最低生态水位（m）；H1 为淀干水位；H2 为最低补水水位；H3 为湖泊形态法计算的最低生态水位；H4 为水生生物法确定的最低生态水位；计算中根据实际资料情况选取确定方法。

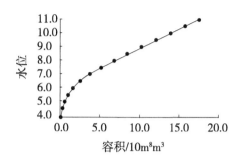

图6-1 白洋淀水位与库容变化率关系曲线

（1）淀干水位、最低补水水位水位

根据文献《利用水量平衡法确定白洋淀最低补水水位的探讨》（刘国强，2013），白洋淀的淀干水位为5.10 m，最低补水水位为5.95 m（大沽高程，下同）。

（2）湖泊形态法

利用白洋淀水位和库容资料，得到白洋淀水位与库容变化率关系曲线如图6-1所示。该曲线中库容变化率最大值相应水位是4.00 m。因此，由湖泊形态法确定的白洋淀最低生态水位为4.00 m。

（3）水生生物法

根据白洋淀生态系统功能，确定该湖泊最低生态水位将主要考虑渔业、芦苇以及其他水生植物所需要的水位。基于动物学原理，再由白洋淀的具体情况，当水深为1.77—4.00 m，即最小蓄水量为3.6亿 m³ 时，是鱼、虾、河蟹和鱼等生存所需要的最佳水位，由此可推出为满足渔业的需水要求，其最低生态水深应该为1.77 m，相应生态水位为7.27 m。由植物学原理可知，芦苇一般的生长水深最小应满足0.8 m，则相应生态水位为6.3 m。对于水生生物，它们是湖泊中水、底质和光的最大利用者，其质和量的变化都直接引起鱼类饵料基础的变动。一般来说，它们生活在水深为1—5 m处为宜，如具有经济价值的作物藕、莲等。由此推出其最低生态水位为6.50 m。

（4）最低生态水位确定

根据公式表达：

$$H_{min}=max（H1、H2、H3、H4）$$

$$=max（5.10、5.95、4.00、6.50）$$

$$=6.50$$

经计算和筛选，白洋淀的最低生态水位为 6.50 m。

3. 最低生态水位满足状况赋分

根据 2017 年海河流域水文年鉴资料，白洋淀新安站、端村站以及王家寨站逐日平均水位均在 6.59 m 以上，大于 6.50 m，因此为年内 365 日日均水位高于最低生态水位。

根据湖泊最低生态水位满足程度评价标准表进行赋分评价，白洋淀最低生态水位满足状况赋分为 90 分。

二、入湖流量变异程度

入湖流量过程变异程度系指环湖泊河流入湖实测月径流量与天然月径流量过程的差异。反映评估湖泊流域内水资源开发利用对湖泊水文情势的影响程度。采用潴龙河、孝义河、唐河、府河、漕河、瀑河、萍河、白沟引河共 8 条入湖河流 2017 年逐月天然径流量与实测径流进行计算。通过计算入湖流量变异程度为 3.62，赋分为分 9.2 分。主要入湖河流天然径流量见表 6-1，实测径流量见表 6-2。

表 6-1 2017 年主要入湖河流天然径流量

单位：万 m³

河流	1月	2月	3月	4月	5月	6月	7月	8月	9月	10月	11月	12月	全年
潴龙河	0	192	843	452	1208	5078	9658	11292	801	8987	0	0	38511
孝义河	0	1	4	3	5	22	41	49	3	33	0	0	162
唐河	720	651	1054	3429	4523	2651	5041	902	705	853	3345	1884	25759
府河	0	1	4	1	3	11	25	19	0	20	0	0	83
漕河	0	1	3	1	7	111	92	66	3	51	0	0	334
瀑河	9	14	69	12	87	269	561	1045	17	428	0	0	2510
萍河	0	0	1	0	2	8	17	14	1	13	0	0	56
白沟引河	0	74	429	0	1530	6410	10521	4846	270	5813	0	0	29894
Qm	729	933	2408	3898	7365	14559	25956	18233	1799	16198	3345	1884	97309

表6-2　2017年主要入湖河流实测径流量

单位：万 m³

河流	1月	2月	3月	4月	5月	6月	7月	8月	9月	10月	11月	12月	全年
潴龙河	0	0	0	0	69	2644	2333	261	68	77	0	0	5452
孝义河	0	0	0	0	0	0	0	0	0	0	0	0	0
唐河	670	605	980	3188	4205	2465	4687	838	656	793	3110	1752	23949
府河	0	0	0	0	1995	1734	1345	1243	902	0	0	0	7219
漕河	0	0	0	0	0	0	0	0	0	0	0	0	0
瀑河	0	0	0	0	0	0	0	0	0	0	0	0	0
萍河	0	0	0	0	0	0	0	0	0	0	0	0	0
白沟引河	0	0	0	0	0	0	0	0	0	0	0	0	0
qm	670	605	980	3188	6270	6843	8365	2342	1626	870	3110	1752	36620

三、水文水资源准则层赋分

白洋淀水文水资源准则层包括最低生态水位满足程度以及入湖流量变异程度 2 个指标，经计算白洋淀水文水资源准则层赋分为 65.7 分。白洋淀水文水资源准则层赋分详细情况见表 6-3。

表 6-3 白洋淀水文水资源准则层赋分计算表

水库	湖泊指标层	标记	建议权重	赋分
白洋淀	最低生态水位满足程度	MLr	0.7	90
	入湖流量变异程度	IFDr	0.3	9.2
	水文水资源	HDr		65.7

水文水资源准则层中入湖流量变异程度指标赋分较低，最低生态水位满足程度赋分相对较高。

第二节　物理结构

　　白洋淀物理结构准则层的指标包括湖岸带状况、河湖连通状况和湖泊萎缩状况。以 2018 年 4 月的国产高分一号遥感影像为数据源（共计 5 景，融合处理后分辨率为 2 米，见图 6-2），提取植被覆盖度、土地利用/覆盖及常规水质参数，并结合地面实地调查数据对遥感监测结果做精度验证，在此基础上综合评估出白洋淀物理结构层健康状况。

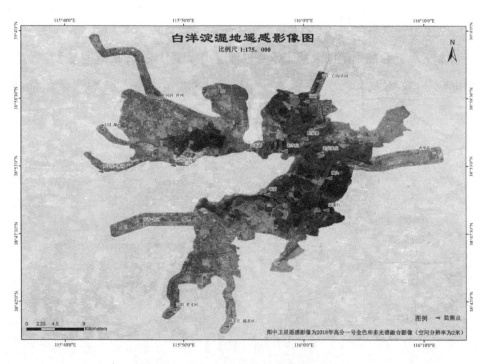

图 6-2　白洋淀湿地遥感影像专题图

一、湖岸带状况

根据 2018 年调查数据，对湖岸带状况进行评价。调查监测点位岸坡稳定性、植被覆盖度和人工干扰程度，并为湖岸带状况赋分。

1. 岸坡稳定性

通过岸坡倾角、岸坡覆盖度、岸坡高度、河岸基质和坡脚冲刷强度等指标对白洋淀岸坡稳定性进行评价，赋分结果见表 6-4。

表 6-4　白洋淀岸坡稳定性赋分

监测点位	岸坡倾角赋分	岸坡覆盖度赋分	岸坡高度赋分	河岸基质赋分	坡脚冲刷强度赋分	岸坡稳定性分值
安新桥	90	75	25	25	75	58
泥李庄	90	90	75	25	75	71
留通	90	90	75	25	90	74
光淀张庄	90	90	25	25	90	64
王家寨	90	75	75	25	90	71
圈头	90	90	75	25	90	74
采蒲台	90	90	75	25	90	74
端村	90	75	75	0	90	66

2. 植被覆盖度

基于高分一号遥感影像提取的白洋淀区域植被覆盖度（见图 6-3），统计白洋淀范围内的均值，参考植被覆盖度指标评估赋分标准对断面进行赋分，赋分情况具体见表 6-5。

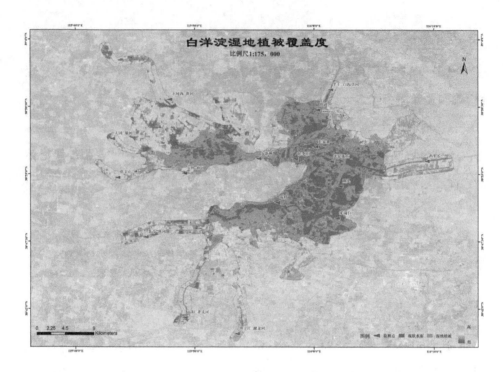

图 6-3　白洋淀湿地植被覆盖度专题图

表 6-5　白洋淀植被覆盖度赋分表

监测点位	植被覆盖度（%）	赋分
安新桥	49.8	50
泥李庄	49.8	50
留通	49.8	50
光淀张庄	49.8	50
王家寨	49.8	50
圈头	49.8	50
采蒲台	49.8	50
端村	49.8	50

3. 人工干扰程度

基于遥感影像提取的白洋淀湿地及其邻近陆域土地利用类型，包括建设用地、交通用地、裸地、农业用地、园地、草地、林地、水体共 8 类，详见图 6-4。根据各个利用类型上的人类活动强度（见图 6-5），求取各白洋淀人类活动强度的均值并参考人类活动强度指标评估赋分标准进行赋分，结果见表 6-6。

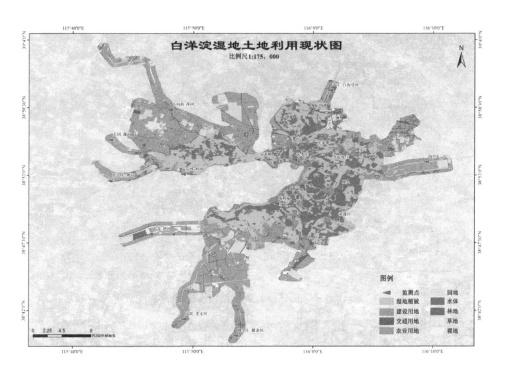

图 6-4 白洋淀湿地土地利用现状图

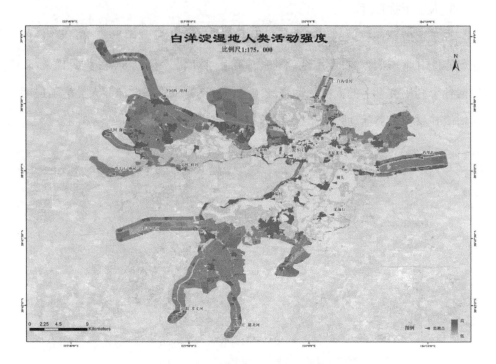

图 6-5　白洋淀湿地人类活动强度专题图

表 6-6　白洋淀人类活动强度赋分表

监测点位	植被覆盖度（%）	赋分
安新桥	25.82	61.8
泥李庄	25.82	61.8
留通	25.82	61.8
光淀张庄	25.82	61.8
王家寨	25.82	61.8
圈头	25.82	61.8
采蒲台	25.82	61.8
端村	25.82	61.8

4. 湖岸带状况赋分

根据以下公式计算湖岸带状况，结果详见表6-7。

$$RSr=BKSr×BKSw + BVCr×BVCw + RDr×RDw$$

其中：RSr 是湖岸带状况赋分，BKSr 和 BKSw 分别是岸坡稳定性的赋分和权重，BVCr 和 BVCw 分别是河岸植被覆盖度的赋分和权重，RDr 和 RDw 分别是河岸带人类活动强度的赋分和权重。权重主要参考"湖泊标准"，其中BKSw=0.25，BVCw=0.5，RDw=0.25。白洋淀湖岸带状况赋分情况如表6-7。

表6-7 白洋淀湖岸带状况赋分表

监测点位	岸坡稳定性	权重	植被覆盖度	权重	人类活动强度	权重	湖岸带状况赋分
安新桥	58	0.25	50	0.5	61.8	0.25	55.0
泥李庄	71	0.25	50	0.5	61.8	0.25	58.2
留通	74	0.25	50	0.5	61.8	0.25	59.0
光淀张庄	64	0.25	50	0.5	61.8	0.25	56.5
王家寨	71	0.25	50	0.5	61.8	0.25	58.2
圈头	74	0.25	50	0.5	61.8	0.25	59.0
采蒲台	74	0.25	50	0.5	61.8	0.25	59.0
端村	66	0.25	50	0.5	61.8	0.25	57.0

二、湖泊萎缩状况

历史上白洋淀水域面积广阔，需水量曾经高达30亿 m³，但是由于受到气候干化、修建水库和围湖造田、抽取地下水等自然因素和人类活动的影响，白洋淀的湖面面积由新中国成立初期的576.6 km² 减少为20世纪80年代的366.0 km²（按十方院大沽高程10.5 m水位计）。1963年大洪水在白洋淀湿地范围的实际滞洪区域面积为457.8 km²（图6-6），2015年卫星遥感监测显示（图

6-7），核心湿地面积为 208.6 km^2。本项目根据 2018 年高分一号遥感卫星影像获取白洋淀核心湿地面积（现状水面与湿地植被的总面积）为 243.7km^2（表 6-8），与 2015 年相比，总面积增加了 35.1 km^2，增长率为 16.8%。2018 年与 20 世纪 80 年代相比，白洋淀湿地萎缩比例为 33.4%，赋分为 6.6 分。整体而言，白洋淀湿地萎缩状况呈好转趋势。

表 6-8 2018 年白洋淀湿地土地利用类型统计表

利用类型	面积（km^2）	占比（%）
农业用地	130.64	28.54
现状水面	102.41	22.37
建设用地	38.63	8.44
林地	11.27	2.46
湿地植被	141.25	30.86
草地	7.36	1.61
园地	21.58	4.71
裸地	2.84	0.62
交通用地	1.76	0.38

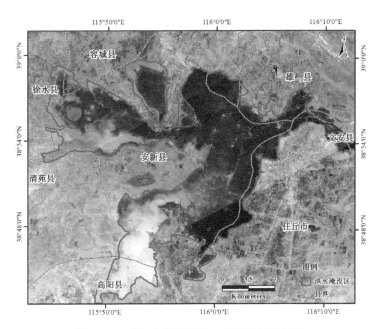

图 6-6　1964 年白洋淀湿地区蓄滞洪水情况

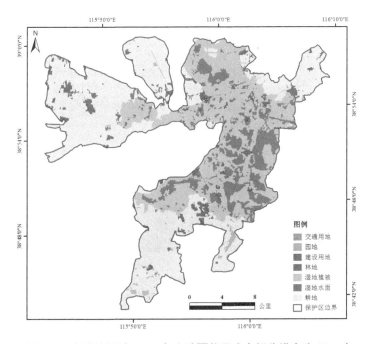

图 6-7　白洋淀湿地 2015 年土地覆盖图（空间分辨率为 30 m）

三、河湖连通状况

根据河湖连通状况评价方法及标准,通过入淀河流干涸程度和地表水资源量计算湖库连通指数,评价湖库连通状况。通过计算,湖库连通指数为赋分为57.5分,连通性一般。白洋淀上游河流干涸程度及赋分见表6-9,地表水资源量状况见表6-10。

表6-9 入淀河流干涸及干涸程度赋分表

上游河系	代表河长(km)	干涸的河段长度(km)	干涸程度(%)	干涸程度赋分
潴龙河	334	70	21	66
孝义河	60	34	57	38
唐河	359	132	37	53
府河	55	0	0	100
漕河	109	52	48	45
瀑河	105	36	34	55
萍河	44	18	41	50
白沟河	12	3	22	65
界河	160	55	34	55

表6-10 白洋淀上游河流地表水资源量

白洋淀上游河系	代表河长(km)	干涸的河段长度(km)	干涸程度(%)	入淀量(万m³)	河流地表水资源量(万m³)	干涸程度赋分
潴龙河	334	70	21	3065	3870	66
孝义河	60	34	57	0	0	38
唐河	359	132	37	20071	31708	53
府河	55	0	0	0	0	100

续表

白洋淀上游河系	代表河长（km）	干涸的河段长度（km）	干涸程度（%）	入淀量（万 m³）	河流地表水资源量（万 m³）	干涸程度赋分
漕河	109	52	48	0	0	45
瀑河	105	36	34	1007	1528	55
萍河	44	18	41	0	0	50
白沟河	12	3	22	12589	16120	65
界河	160	55	34	133	203	55
合计	1238	398		36866	53428	

四、物理结构准则层赋分

白洋淀物理结构准则层赋包括湖岸带状况、湖泊萎缩状况和河湖连通状况3个指标，经计算白洋淀物理准则层经赋分为42.2分。各监测断面物理结构准则层赋分详细情况见表6-11。

表6-11 白洋淀物理结构准则层赋分表

监测点位	湖岸带状况	权重	湖泊萎缩状况	权重	河湖连通状况	权重	物理结构赋分	代表面积（km²）	赋分
安新桥	55.0	0.4	6.6	0.3	57.5	0.3	41.2	61.4	
泥李庄	58.2	0.4	6.6	0.3	57.5	0.3	42.5	7.7	
留通	59.0	0.4	6.6	0.3	57.5	0.3	42.8	24.9	
光淀张庄	56.5	0.4	6.6	0.3	57.5	0.3	41.8	40.3	
王家寨	58.2	0.4	6.6	0.3	57.5	0.3	42.5	109.8	42.2
圈头	59.0	0.4	6.6	0.3	57.5	0.3	42.8	27.0	
采蒲台	59.0	0.4	6.6	0.3	57.5	0.3	42.8	46.8	
端村	57.0	0.4	6.6	0.3	57.5	0.3	42.0	48.0	

通过物理结构准则层各指标的赋分状况可知，湖泊萎缩状况赋分最低，其次为河湖连通状况，由于闸坝众多，阻隔严重，造成河湖连通状况赋分较低。

第三节 水质

一、溶解氧状况

DO 为水中溶解氧浓度，其对水生动植物十分重要，过高或过低都会对水生物造成危害，适宜浓度为 4—12 mg/L。根据各站 DO 值，参照标准进行赋分，非汛期和汛期赋分情况见表 6–12 和表 6–13。

表 6–12 各站非汛期溶解氧状况赋分表

站点名称	溶解氧（mg/L）	溶解氧赋分
安新桥	8.47	100
泥李庄	8.83	100
留通	9.32	100
光淀张庄	5.15	63
王家寨	7.92	100
圈头	6.98	93.1
采蒲台	6.76	90.1
端村	10.98	100
交通用地	1.76	0.38

表 6–13 各站汛期溶解氧状况赋分表

站点名称	溶解氧（mg/L）	溶解氧赋分
安新桥	13.18	100
泥李庄	5.47	69.4

站点名称	溶解氧（mg/L）	溶解氧赋分
留通	4.81	57.2
光淀张庄	2.72	24.4
王家寨	3.17	32.6
圈头	5.69	73.8
采蒲台	5.58	71.6
端村	8.86	100
交通用地	1.76	0.38

根据白洋淀两次溶解氧赋分状况，取两次赋分均值作为溶解氧赋分，赋分值见表6-14。

表 6-14　白洋淀浮游植物污生指数赋分表

样点	溶解氧赋分		指标赋分
	非汛期	汛期	
安新桥	100	100	100
泥李庄	100	69.4	84.7
留通	100	57.2	78.6
光淀张庄	63.0	24.4	43.7
王家寨	100	32.6	66.3
圈头	93.1	73.8	83.5
采蒲台	90.1	71.6	80.9
端村	100	100	100

二、耗氧有机物污染状况

耗氧有机物系导致水体中溶解氧大幅下降的有机污染物,取高锰酸盐指数、五日生化需氧量、氨氮3项,对湖泊耗氧污染状况进行评估。

首先分别计算各站高锰酸盐指数、化学需氧量、五日生化需氧量、氨氮4项数值,参照赋分标准,分别对4个水质项目进行赋分。耗氧有机污染状况赋分,采用下式计算:

$$OCP_r = \frac{COD_{Mnr} + COD_r + BOD_r + NH_3N_r}{4}$$

式中:OCP_r、COD_{Mnr}、COD_r、BOD_r 和 NH_3N_r 分别为耗氧有机污染物状况赋分值、高锰酸盐指数赋分值、生化需氧量赋值、氨氮赋值。

根据水质监测数据和耗氧有机污染状况指标赋分标准,白洋淀各水质点位耗氧有机污染状况指标赋分情况见表6-15和表6-16。

表6-15 白洋淀各站非汛期耗氧有机污染状况指标赋分

站点名称	氨氮(mg/L)	赋分	高锰酸盐指数 （mg/L）	赋分	五日生化需氧量 （mg/L）	赋分	化学需氧量 （mg/L）	赋分	耗氧有机物赋分
安新桥	0.20	97.1	4.5	75.0	<2.0	100	18.3	73.6	86.4
泥李庄	0.25	94.3	4.5	75.0	<2.0	100	21.0	57	81.6
留通	0.05	100	7.2	51.0	<2.0	100	31.1	26.7	69.4
光淀张庄	<0.04	100	5.9	61.0	<2.0	100	23.1	50.7	77.9
王家寨	0.11	100	5.2	68.0	<2.0	100	29.4	31.8	75.0
圈头	<0.04	100	6.3	57.8	<2.0	100	28.0	36	73.5
采蒲台	<0.04	100	7.0	52.5	<2.0	100	32.0	24	69.1
端村	0.21	96.6	6.4	57.0	<2.0	100	20.8	57.6	77.8

表6-16 白洋淀各站汛期耗氧有机污染状况指标赋分

站点名称	氨氮（mg/L）	赋分	高锰酸盐指数（mg/L）	赋分	五日生化需氧量（mg/L）	赋分	化学需氧量（mg/L）	赋分	耗氧有机物赋分
安新桥	2.95	0.0	4.90	71.0	2.1	100.0	2.1	100.0	67.8
泥李庄	1.19	48.6	5.60	64.0	2.1	100.0	2.1	100.0	78.2
留通	0.41	85.1	7.10	51.8	2.4	100.0	2.4	100.0	84.2
光淀张庄	0.25	94.3	6.50	56.3	2.0	100.0	2.0	100.0	87.6
王家寨	0.61	75.6	6.10	59.3	2.1	100.0	2.1	100.0	83.7
圈头	0.21	96.6	7.80	46.5	2.7	100.0	2.7	100.0	85.8
采蒲台	0.36	88.0	7.60	48.0	2.4	100.0	2.4	100.0	84.0
端村	0.54	78.4	6.00	60.0	2.1	100.0	2.1	100.0	84.6

取两次白洋淀两次耗氧有机物赋分均值作为该指标赋分,赋分值见表6-17。

表6-17　白洋淀耗氧有机污染状况赋分表

样点	耗氧有机污染状况赋分		赋分
	非汛期	汛期	
安新桥	86.4	67.8	77.1
泥李庄	81.6	78.2	79.9
留通	69.4	84.2	76.8
光淀张庄	77.9	87.6	82.8
王家寨	75.0	83.7	79.4
圈头	73.5	85.8	79.7
采蒲台	69.1	84.0	76.6
端村	77.8	84.6	81.2

三、富营养状况

湖泊从贫营养向富营养转变过程中,湖泊中营养盐浓度和与之相关联的生物生产量从低向高逐渐转变。营养状况评价一般从营养盐浓度、透明度、生产能力三个方面设置评价项目。本次评价项目包括总磷、总氮、叶绿素 α、高锰酸盐指数和透明度,其中,叶绿素 α 为必评项目。

根据以上 5 项监测值,按照总营养状况指数计算公式,参照湖泊营养状态评价标准及分级方法进行分级,确定出 EI 值,根据湖泊营养化状况评价赋分标准表和白洋淀各监测点位富营养化状况(EI 值)对汛期和非汛期富营养化状况(EU)进行评价赋分,然后取其 2 次赋分均值作为该监测点位富营养化指标赋分。根据赋分原则,非汛期和汛期富营养化赋分(EU)情况详见表 6-18 和表 6-19。

表6-18 白洋淀非汛期各水质监测点位营养状态指数表

监测点位	总磷		总氮		叶绿素a		透明度		高锰酸盐指数		富营养状态（EI）
	浓度（mg/L）	富营养化指数	浓度（mg/L）	富营养化指数	浓度（mg/L）	富营养化指数	透明度（m）	富营养化指数	浓度（mg/L）	富营养化指数	
安新桥	0.13	63.00	3.69	74.23	7.91	46.52	0.68	56	3.3	46.50	57.56
泥李庄	0.21	70.25	3.52	73.80	58.19	68.47	0.6	58	6.4	56.00	65.30
留通	0.05	50.00	0.88	57.60	10.01	50.01	1.0	50	5.7	54.25	52.37
光淀张庄	0.05	50.00	1.08	60.80	11.97	51.23	0.9	52	7	57.50	54.31
王家寨	0.15	65.00	1.98	69.80	23.96	58.73	0.7	56	6.2	55.50	61.01
圈头	0.07	54.00	1.16	61.60	9.83	49.72	0.9	52	6.5	56.25	54.71
采蒲台	0.04	46.00	1.01	60.10	2.81	34.05	0.8	54	7.2	58.00	50.43
端村	0.08	56.00	1.51	65.10	24.61	59.13	0.9	52	6.7	56.75	57.80

表6-19　白洋淀汛期各水质监测点位营养状态指数表

监测点位	总磷		总氮		叶绿素 a		透明度		高锰酸盐指数		富营养状态（EI）
	浓度（mg/L）	富营养化指数	浓度（mg/L）	富营养化指数	浓度（mg/L）	富营养化指数	透明度（m）	富营养化指数	浓度（mg/L）	富营养化指数	
安新桥	0.33	73.25	4.07	75.18	0.03116	61.36	0.74	55.2	4.9	52.25	61.45
泥李庄	0.35	73.75	2.19	70.48	0.02692	60.24	0.53	59.4	5.6	54	61.57
留通	0.65	81.67	0.98	59.60	0.01345	52.16	0.85	53.0	7.1	57.75	58.83
光淀张庄	0.07	54.00	0.84	56.80	0.05907	68.70	0.40	70.0	6.5	56.25	61.15
王家寨	0.23	70.75	1.15	61.50	0.02548	59.68	0.58	58.4	6.1	55.25	59.12
圈头	0.06	52.00	1.07	60.70	0.01466	52.91	0.68	56.4	7.8	59.5	54.30
采蒲台	0.07	54.00	1.18	61.80	0.02768	60.44	0.49	61.0	7.6	59	59.25
端村	0.10	60.00	1.02	60.20	0.02825	60.59	0.51	59.8	6.0	55	57.12

对白洋淀两次富营养化赋分状况进行赋分,取两次赋分均值,赋分值见表 6-20。由赋分情况可以看出,白洋淀大部分监测点位赋分 50 分以上,富营养化程度较高,水体富营养化污染严重。

表 6-20　白洋淀营养状态指数赋分表

样点	耗氧有机污染状况赋分		赋分
	非汛期	汛期	
安新桥	57.6	38.4	48.0
泥李庄	65.3	37.4	51.4
留通	52.4	51.2	51.8
光淀张庄	54.3	40.8	47.6
王家寨	61.0	50.9	55.9
圈头	54.7	55.7	55.2
采蒲台	50.4	50.8	50.6
端村	57.8	52.9	55.3

四、水质准则层赋分

水质准则层包括溶解氧状况、耗氧有机物污染状况以及富营养状况 3 个指标,以 3 个评估指标分值及权重计算水质准则层赋分。经计算白洋淀水质准则层赋分为 68.2。白洋淀各监测断面水质准则层赋分详细情况见表 6-21。

表 6-21　白洋淀各点位水质准则层赋分表

监测点位	溶解氧赋分	耗氧有机物赋分	富营养状况赋分	水质准则层赋分	代表面积（km²）	水质准则层赋分
安新桥	100	77.1	48.0	72.3	61.4	
泥李庄	84.7	79.9	51.4	69.9	7.7	68.2
留通	78.6	76.8	51.8	67.3	24.9	

监测点位	溶解氧赋分	耗氧有机物赋分	富营养状况赋分	水质准则层赋分	代表面积（km²）	水质准则层赋分
光淀张庄	43.7	82.8	47.6	57.0	40.3	
王家寨	66.3	79.4	55.9	66.1	109.8	
圈头	83.5	79.7	55.2	71.0	27.0	68.2
采蒲台	80.9	76.6	50.6	67.5	46.8	
端村	100	81.2	55.3	76.5	48.0	

第四节 生物

一、浮游植物

1.种类组成

非汛期白洋淀各监测点位进行了浮游植物调查,种类组成见表6-22,定性样品共检出浮游植物共计6门43种。

表 6-22　白洋淀非汛期各样点浮游植物各门种类数量组成表　　　　单位:种

监测点位	蓝藻门	绿藻门	硅藻门	裸藻门	金藻门	甲藻门	共计
安新桥	2	12	11	1	0	0	26
泥李庄	4	15	8	2	0	1	30
留通	4	11	4	1	1	0	21
光淀张庄	4	11	10	2	1	1	29
王家寨	3	14	5	2	1	0	25
圈头	5	13	7	2	1	0	28
采蒲台	5	12	5	1	1	1	25
端村	2	10	6	1	0	0	19

汛期白洋淀各监测点位进行了浮游植物调查,种类组成见表6-23,定性样品共检出浮游植物共计5门38种。

表 6-23　白洋淀汛期各样点浮游植物各门种类数量组成表　　　　单位:种

监测点位	蓝藻门	硅藻门	甲藻门	金藻门	裸藻门	绿藻门	总计
安新桥	3	5	1	0	3	11	23

续表

监测点位	蓝藻门	硅藻门	甲藻门	金藻门	裸藻门	绿藻门	总计
泥李庄	4	3	0	0	0	5	12
留通	5	3	0	0	2	5	15
光淀张庄	5	3	0	0	2	6	16
王家寨	4	3	0	0	2	8	17
圈头	5	2	0	0	1	4	12
采蒲台	5	2	0	0	1	2	10
端村	4	7	0	0	1	9	21
共计	7	11	1	0	3	16	38

2. 细胞密度

非汛期白洋淀调查各监测点藻细胞密度如表 6-24 所示，藻细胞密度范围为 $24.96×10^6$–$45.07×10^6$ 个 /L。

表 6-24 白洋淀非汛期各监测点位浮游植物细胞密度 单位：10^6 个 /L

监测点位	蓝藻门	绿藻门	硅藻门	裸藻门	金藻门	求和
安新桥	23.83	1.53	2.45	0.04	0	27.85
泥李庄	21.51	10.75	0.48	0.31	0	33.05
留通	21.03	1.44	0.74	0	1.75	24.96
光淀张庄	30.91	8.35	1.09	0.13	0	40.48
王家寨	31.78	12.98	0.26	0.04	0	45.07
圈头	25.62	9.79	2.19	0.09	0	37.68
采蒲台	32.52	1.88	1.62	0.22	0.35	36.59
端村	35.54	7.39	2.14	0.35	0	45.42

汛期白洋淀调查各监测点藻细胞密度如表 6-25 所示，藻细胞密度范围为

$41.53×10^6-101.81×10^6$ 个 /L。

表 6-25 白洋淀汛期各监测点位浮游植物细胞密度 单位：10^5 个 /L

监测点位	蓝藻门	金藻门	硅藻门	裸藻门	绿藻门	总计
安新桥	965.7	0.0	24.9	2.6	24.9	1018.1
泥李庄	949.1	0.0	35.4	0.0	21.0	1005.5
留通	402.6	0.0	1.3	1.3	24.5	429.7
光淀张庄	755.8	0.0	18.8	0.9	73.0	848.5
王家寨	587.5	0.0	12.2	2.2	45.9	647.9
圈头	550.4	0.0	10.1	11.4	20.1	591.9
采蒲台	619.9	0.0	12.2	16.6	14.0	662.7
端村	314.3	0.0	24.5	0.9	75.6	415.3

3. 浮游植物污生指数赋分

根据海河流域河湖健康评估指标赋分标准中的浮游植物赋分标准，对白洋淀非汛期浮游植物调查结果进行赋分，赋分值（PHP）如表 6-26 所示。

表 6-26 白洋淀非汛期各监测点位浮游植物污生指数 S 及赋分

监测点位	污生指数 S	赋分
安新桥	2.10	59.91
泥李庄	2.10	60.12
留通	2.13	59.27
光淀张庄	2.33	54.35
王家寨	2.02	61.90
圈头	2.33	54.31
采蒲台	2.27	55.79
端村	2.28	55.59

对白洋淀汛期浮游植物调查结果进行赋分，赋分值（PHP）如表 6-27 所示。

表 6-27　白洋淀汛期各监测点位浮游植物污生指数 S 及赋分

监测点位	污生指数 S	赋分
安新桥	3.0	37.5
泥李庄	2.8	43.2
留通	2.9	39.0
光淀张庄	2.7	44.3
王家寨	2.9	39.8
圈头	3.1	35.2
采蒲台	3.0	37.5
端村	2.9	40.3

根据白洋淀两次浮游植物污生指数赋分状况，取两次赋分值的平均值作为该指数赋分值，赋分值见表 6-28。

表 6-28　白洋淀浮游植物污生指数赋分表

样点	污生指数 S		赋分
	非汛期	汛期	
安新桥	59.91	37.5	48.7
泥李庄	60.12	43.2	51.7
留通	59.27	39.0	49.1
光淀张庄	54.35	44.3	49.3
王家寨	61.90	39.8	50.9
圈头	54.31	35.2	44.8
采蒲台	55.79	37.5	46.6
端村	55.59	40.3	47.9

二、浮游动物

1. 浮游动物类群组成

2019 年非汛期白洋淀浮游动物共鉴定出 16 种, 其中轮虫 12 种, 枝角类 3 种, 桡足类 1 种, 如表 6-29 所示。

表 6-29　白洋淀非汛期浮游动物类群统计表

种类	安新桥	泥李庄	留通	光淀张庄	王家寨	圈头	采蒲台	端村
近邻剑水蚤	9	24	33	81	78	220	50	40
简弧象鼻蚤	9	36	90	21	12			
直额裸腹蚤						170	20	
长肢秀体蚤						30		
萼花臂尾轮虫	168	51	45	387	300	260	120	60
前节晶囊轮虫	261	72	204	519	687	210	30	30
针簇多肢轮虫	102	36	165	66	132	120	60	270
壶状臂尾轮虫						260	40	
角突臂尾轮虫		27	9				50	240
蒲达臂尾轮虫	231	306	990	369	318			
长三肢轮虫	15	36	81	90	39	110	40	
圆筒异尾轮虫		45		9	3	70		
裂足臂尾轮虫							40	
花篮臂尾轮虫				3		160		140
梳状疣毛轮虫		24	3					
月形腔轮虫					3			

2019 年汛期白洋淀浮游动物共鉴定出 16 种, 其中轮虫 13 种, 枝角类 2 种, 桡足类 1 种, 如表 6-30 所示。

表 6-30 白洋淀汛期浮游动物类群统计表

种类	安新桥	泥李庄	留通	光淀张庄	王家寨	圈头	采蒲台	端村
近邻剑水蚤	130	190	50	90	70	50	50	50
筒弧象鼻蚤		30	20				220	50
直额裸腹蚤	150	50	40	30	20			
萼花臂尾轮虫			90	30	90	310	20	130
前节晶囊轮虫	380	140	290	170	160	10	30	30
针簇多肢轮虫	10	370	240	280	430	50	140	520
角突臂尾轮虫	330		280	80	280	140		
蒲达臂尾轮虫		60				160	350	790
长三肢轮虫					20			
圆筒异尾轮虫		80	60	40			60	40
剪形臂尾轮虫			40					
裂足臂尾轮虫	80		50					
曲腿龟甲轮虫	740	100	330	50				
花篋臂尾轮虫			100		110			
梳状疣毛轮虫					600	70	60	130
月形腔轮虫								20

2.赋分计算

白洋淀浮游动物采用生物多样性评价方法进行评价,采用 Shannon-Wiener 多样性指数。非汛期各监测点位浮游动物 Shannon-Wiener 指数及赋分见表 6-31。

表 6-31 非汛期各监测点位浮游动物 Shannon-Wiener 指数及赋分

监测点位	H'(S)	赋分
安新桥	2.15	71.7
泥李庄	2.64	88.0
留通	1.91	63.7
光淀张庄	2.32	77.3
王家寨	2.18	72.7
圈头	3.15	100.0
采蒲台	2.99	99.7
端村	2.18	72.7

汛期各监测点位浮游动物 Shannon-Wiener 指数及赋分见表 6-32。

表 6-32 汛期各监测点位浮游动物 Shannon-Wiener 指数及赋分

监测点位	H'(S)	赋分
安新桥	2.43	81.0
泥李庄	3.04	100.0
留通	3.07	100.0
光淀张庄	1.77	59.0
王家寨	2.69	89.7
圈头	1.83	61.0
采蒲台	2.82	94.0
端村	2.06	68.7

对白洋淀两次浮游动物 Shannon-Wiener 指数进行赋分，赋分值见表 6-33。

表 6-33　白洋淀浮游动物 Shannon-Wiener 指数赋分表

样点	多样性指数赋分		指标赋分
	非汛期	汛期	
安新桥	71.7	81.0	76.4
泥李庄	88.0	100.0	94.0
留通	63.7	100.0	81.9
光淀张庄	77.3	59.0	68.2
王家寨	72.7	89.7	81.2
圈头	100.0	61.0	80.5
采蒲台	99.7	94.0	96.9
端村	72.7	68.7	70.7

三、大型水生植物

白洋淀水生植物分为 13 个主要群落类型,其中芦苇群落、狭叶香蒲群落、金鱼藻群落、莲群落、紫背浮萍+槐叶萍群落为优势群落,分布面积较广;小茨藻群落主要分布于前、后塘区,大面积的穗花狐尾藻和微齿眼子菜群落分布于赵北口镇附近;龙须眼子菜群落分布范围较广,但缺乏大面积分布;芡实+菱群落只在小杨家淀内有所发现,且为人工种植群落;马来眼子菜群落、荇菜群落多分布于航道两侧,但未见大面积分布。

对各监测点位水生物植物盖度进行实际调查,采取直接赋分方法,白洋淀大型水生植物覆盖度及赋分如表 6-34 所示。

表 6-34　湖岸带大型水生物植物覆盖度及赋分

点位名称	大型水生植物覆盖度(%)	赋分
安新桥	10	25.0

续表

点位名称	大型水生植物覆盖度（%）	赋分
泥李庄	30	41.7
留通	10	25.0
光淀张庄	30	41.7
王家寨	30	41.7
圈头	30	41.7
采蒲台	10	25.0
端村	5	12.5

四、底栖动物

1. 种类组成

本次调查选取白洋淀水域 8 个点位于非汛期和汛期进行采集工作，基本可以代表白洋淀水域的整体特征。白洋淀底栖动物 19 种，其中水栖寡毛类 2 种，软体类 4 种，甲壳类 4 种，水生昆虫 9 种，种类组成见表 6-35。结果显示，大清河流域底栖生物多样性略低。

从底栖动物种类数在 8 个点位的分布来看，白洋淀水域整体底栖动物种类较少，多为耐污类群。

表 6-35 白洋淀底栖动物种类组成表（ind./m³）

种类	安新桥	泥李庄	留通	光淀张庄	王家寨	圈头	采蒲台	端村
苏氏尾鳃蚓	15					10		
霍甫水丝蚓	20	20		20	10	80		
铜锈环棱螺	30	5			5		15	
纹沼螺	15		20					

续表

种类	安新桥	泥李庄	留通	光淀张庄	王家寨	圈头	采蒲台	端村
凸旋螺								10
河蚬								5
日本新糠虾		5						
日本沼虾						40		5
中华新米虾								35
淡水钩虾								10
项圈无突摇蚊						40		
刺铗长足摇蚊								5
林间环足摇蚊	5	5	5			40		40
红裸须摇蚊		5	35		110	20	10	5
高山拟突摇蚊								
中华摇蚊			65			80		
德永雕翅摇蚊	5							
步行多足摇蚊	10							
亚洲瘦蟌								90
合计	100	40	125	20	125	310	25	205

2.结果及评价

基于 BI 指数的水质评价方法首先由 Hilsenhoff 提出并应用,杨莲芳等首次将耐污值(Tolerance Value)引入国内。目前,国内已建立和核定的底栖动物 370 余个分类单元的耐污值。本项目采集的底栖动物种类的耐污值如表 6-36 所示。

表 6-36　白洋淀底栖动物耐污值表

序号	种类	耐污值	序号	种类	耐污值
1	苏氏尾鳃蚓	8.5	11	项圈无突摇蚊	7.0
2	霍甫水丝蚓	9.4	12	刺铗长足摇蚊	8.4
3	铜锈环棱螺	6.0	13	林间环足摇蚊	6.8
4	纹沼螺	5.0	14	红裸须摇蚊	8.0
5	凸旋螺	5.0	15	高山拟突摇蚊	4.0
6	河蚬	9.0	16	中华摇蚊	9.1
7	日本新糠虾	5.0	17	德永雕翅摇蚊	9.0
8	日本沼虾	6.0	18	步行多足摇蚊	9.6
9	中华新米虾	9.0	19	亚洲瘦蟌	4.5
10	淡水钩虾	2.5			

经计算,得出白洋淀各站点的生物指数(BI)值。根据 BI 污染水平判断标准及各站点 BI 值计算结果,可以看出白洋淀主要为污染水平。以 BI 值为 0 时赋分 100,BI 值为 10 时赋分为 0,采用内插法得出各站点分数,得出白洋淀底栖动物 BI 指数赋分,详见表 6-37。

表 6-37　白洋淀底栖动物赋分情况

站点	BI 值	赋分
安新桥	7.41	25.9
泥李庄	7.98	20.2
留通	8.04	19.6
光淀张庄	8.10	19.0
王家寨	8.02	19.9
圈头	8.12	18.8

续表

站点	BI 值	赋分
采蒲台	6.80	32.0
端村	5.54	44.6

五、鱼类

鱼类物种名录采用大清河系鱼类物种名录，大清河系鱼类指标赋分为
21.1 分。

六、生物准则层赋分

白洋淀生物准则层评估调查包括浮游植物污生指数、浮游动物多样性指
数、大型水生植物覆盖度底栖动物 BI 指数，以及鱼类损失度 5 个指标，以 5 个
评估指标的赋分值及权重计算获取生物准则层赋分。经计算白洋淀生物准则层
赋分为 41.4 分。白洋淀各监测断面生物准则层赋分详细情况见表 6-38。

通过生物准则层各指标的赋分状况可知，鱼类损失指数相对赋分最小，而
浮游动物多样性指数赋分相对较低，大型水生植物覆盖度赋分相对较低，底栖
动物 BI 指数和浮游植物污生指数相对也较低，导致白洋淀水生总体赋分较低。

表6-38 白洋淀生物准则层指标赋分表

断面名称	浮游植物污生指数	权重	浮游动物多样性指数	权重	大型水生植物覆盖度	权重	底栖动物BI指	权重	鱼类生物损失指数	权重	生物准则层赋分	代表面积(km²)	河流赋分赋分
安新桥	48.7	0.20	76.4	0.20	25.0	0.20	25.9	0.20	21.1	0.20	39.4	61.4	
泥李庄	51.7	0.20	94.0	0.20	41.7	0.20	20.2	0.20	21.1	0.20	45.7	7.7	
留通	49.1	0.20	81.9	0.20	25.0	0.20	19.6	0.20	21.1	0.20	39.3	24.9	
光淀张庄	49.3	0.20	68.2	0.20	41.7	0.20	19.0	0.20	21.1	0.20	39.9	40.3	41.4
王家寨	50.9	0.20	81.2	0.20	41.7	0.20	19.9	0.20	21.1	0.20	43.0	109.8	
圈头	44.8	0.20	80.5	0.20	41.7	0.20	18.8	0.20	21.1	0.20	41.4	27.0	
采蒲台	46.6	0.20	96.9	0.20	25.0	0.20	32.0	0.20	21.1	0.20	44.3	46.8	
端村	47.9	0.20	70.7	0.20	12.5	0.20	44.6	0.20	21.1	0.20	39.4	48.0	

第五节　社会服务功能

一、水功能区达标指标

2018 年白洋淀河北湿地保护区共评价 12 次，仅 1 次达标，达标率为 8.3%，超标项目主要有总磷、五日生化需氧量和化学需氧量，全年水质为Ⅴ类。白洋淀水功能区达标情况见表 6-39。

表 6-39　白洋淀水功能区达标情况表

水功能区名称	监测断面	水质目标	类型	评价次数	达标次数	年达标率	达标状况
白洋淀河北湿地保护区	①安新桥②端村③大张庄④留通⑤王家寨⑥圈头⑦采蒲台	Ⅲ	Ⅴ	12	1	8.3%	不达标

水功能区达标率指标赋分计算如下：

$$WFZr=WFZP×100$$

式中，$WFZPr$ 为评估河流水功能区水质达标率指标赋分，$WFZP$ 为评估水功能区水质达标率。

因此，白洋淀水功能区水质达标率指标赋分为 8.3 分。

二、水资源开发利用指标

根据大清河水资源多年监测结果，2017 年大清河年水资源总量约为 40.97 亿 m³，总用水量为 63.61 亿 m³。大清河流域水资源开发利用率≥100%，赋分为 0 分。

三、防洪指标

1. 防洪工程完好率

白洋淀四周堤防环绕,东有千里堤,北有新安北堤,西有障水埝和四门堤,南有淀南新堤,堤防总长 203 km,淀内总面积 366 km²。滞洪水位 9.00 m(大沽 10.5 m)时,相应蓄水量 10.7 亿 m³。

20 世纪六七十年代,结合中下游治理,白洋淀周边经过多次加固。1964 年、1965 年周边堤防进行了复堤,并建成枣林庄 4 孔闸;1970 年又建成 25 孔闸及溢流堰,形成枣林庄枢纽,使白洋淀泄流能力提高到 2700 m³/s,并对千里堤小关至枣林庄枢纽段再次进行了加固;1973—1974 年完成了新安北堤、四门堤复堤;20 世纪 80—90 年代对千里堤进行了灌浆加固,部分险段加做了内戗、砌石护坡,并完成了枣林庄闸前一、二期除垫工程。

鉴于白洋淀建防洪情况,确定白洋淀防洪工程完好率基本满足要求,指标赋分为 100 分。

2. 湖泊洪水调蓄能力

白洋淀现状调度运用原则为:当水位达到 9.00 m 并继续上涨、威胁千里堤安全时,依次扒开障水埝、淀南新堤、四门堤、新安北堤向周边分洪;当水位超过 9.85 m 并仍将上涨时,为确保千里堤安全,在小关扒口向文安洼分洪。

当白洋淀十方院水位达到 6.8 m(大沽 8.3 m)且仍将上涨时,枣林庄开闸泄洪,达到 7.5 m(大沽 9.0 m)时,赵北口溢流堰开始溢洪;十方院水位达到 9.00 m(大沽 10.5 m)并继续上涨时,在不减少赵王新渠泄量的原则下,依次扒开障水埝、淀南新堤、四门堤、新安北堤分洪;如东淀第六埠水位达到 6.44 m 且继续上涨,十方院水位大于 9.00 m(大沽 10.5 m)仍继续上涨时,则运用王村闸向文安洼分洪；如十方院水位达到 10.48 m（大沽 11.98 m）且继续上涨，威胁千里堤安全时，在小关扒口向文安洼分洪。

鉴于白洋淀的防洪情况，确定白洋淀洪水调蓄能力基本满足要求，指标赋分为 100 分。

3.防洪指标赋分

根据白洋淀健康评估指标权重，防洪工程完好率和洪水调蓄能力的权重分别为 0.3 和 0.7。白洋淀防洪指标赋分为 100 分，计算如下：

$$FLDr=100\times0.3+100\times0.7=100$$

四、公众满意度指标

本次白洋淀公众满意度调查，共收集了 50 份有效调查表，其中有效问卷 25，沿湖居民满意度调查表 10 份，平均赋分 84.8；湖泊管理者满意度调查表 8 份，平均赋分 88.5；湖泊周边从事生产活动者满意度调查表 4 份，平均赋分 78.6；旅游经常来湖泊者满意度调查表 1 份，赋分 89；旅游偶尔来湖泊者满意度调查表 2 份，赋分 94.5。

根据下面公式对白洋淀公众满意度调查结果进行赋分计算：

$$pPr=\frac{\sum_{n=1}^{NPS}(RERr\times pERw)}{\sum_{n=1}^{NPS}(pERw)}$$

式中：PPr 为公众满意度指标赋分，PERr 为有效调查公众总体评估赋分，pERw 为公众类型权重，NPS 为调查有效公众总人数。

其中：沿湖居民权重为 3，湖泊管理者权重为 2，湖泊周边从事生产活动者为 1.5，旅游经常来湖泊者权重为 1，旅游偶尔来湖泊者权重为 0.5。

调查计算结果表明：白洋淀公众满意度调查赋分值为 85.7 分。

五、社会服务功能准则层赋分

白洋淀社会服务功能准则层包括水功能区达标率、水资源开发利用率、防洪指标以及公众满意度 4 个指标。经计算白洋淀社会服务功能准则层赋分为 48.5 分。白洋淀社会服务功能准则层的得分详见表 6-40。

表 6-40　白洋淀社会服务功能准则层中各指标权重

湖泊	指标层	指标值	权重	赋分
白洋淀	水功能区达标指标	8.3	0.25	2.1
	水资源开发利用指标	0	0.25	0
	防洪指标	100	0.25	25
	公众满意度	85.7	0.25	21.4
社会服务功能				48.5

由社会服务功能准则层各指标的赋分状况可知，水资源开发利用率过高及水功能区达标率过低，导致赋分较低。

白洋淀健康评估包括 5 个准则层,基于水文水资源、物理结构、水质和生物准则层评价湖泊生态完整性,综合湖泊生态完整性和湖泊社会功能准则层得到湖泊健康评估赋分。

一、各监测点位所代表的湖区生态完整性赋分

评价湖区生态完整性赋分按照以下公式计算 5 个准则层的赋分:

$$LEI = HD_r \times HD_w + PF_r \times PF_w + WQ_r \times WQ_w + AL_r \times AR_w$$

式中:LHI_r、HD_r、HD_w、PF_r、PF_w、WQ_r、WQ_w、AL_r、AR_w 分别为湖区生态完整性状况赋分、水文水资源准则层赋分、水文水资源准则层权重、物理结构准则层赋分、物理结构准则层权重、水质准则层赋分、水质准则层权重、生物准则层赋分、生物准则层权重。参考"湖泊标准",水文水资源、物理结构、水质和生物准则层的权重依次为:0.2、0.2、0.2 和 0.4。生态完整性状况赋分计算结果见表 6-41。

表 6-41 白洋淀各监测点位生态完整性状况赋分表

监测点位	水文水资源	权重	物理结构	权重	水质	权重	生物	权重	生态完整性赋分
安新桥	65.7	0.2	41.2	0.2	72.3	0.2	39.4	0.4	51.6
泥李庄	65.7	0.2	42.5	0.2	69.9	0.2	45.7	0.4	53.9
留通	65.7	0.2	42.8	0.2	67.3	0.2	39.3	0.4	50.9
光淀张庄	65.7	0.2	41.8	0.2	57.0	0.2	39.9	0.4	48.9

续表

监测点位	水文水资源	权重	物理结构	权重	水质	权重	生物	权重	生态完整性赋分
王家寨	65.7	0.2	42.5	0.2	66.1	0.2	43.0	0.4	52.1
圈头	65.7	0.2	42.8	0.2	71.0	0.2	41.4	0.4	52.5
采蒲台	65.7	0.2	42.8	0.2	67.5	0.2	44.3	0.4	52.9
端村	65.7	0.2	42.0	0.2	76.5	0.2	39.4	0.4	52.6

二、湖泊生态完整性评估赋分

湖泊生态完整性评估赋分采用以下计算公式计算:

$$LEI = \sum_{n=1}^{N\,sects} \left(\frac{LEIn \times An}{A} \right)$$

式中:LEI 为评估湖泊生态完整性赋分,LEIn 为评估湖区赋分,An 为评估湖区水面面积 (km²),A 为评估湖泊水面面积 (km²)。

参考白洋淀监测点位的位置,以及白洋淀湖面积的大小、水深等因素,得到本次调查各监测点位代表的淀区面积权重,通过算术平均的方法,计算评白洋淀生态完整性赋分为 51.8,详见表 6-42。

表 6-42 白洋淀生态完整性状况赋分表

点位	各湖区生态完整性状况赋分	代表面积 (km²)	得分
安新桥	51.6	61.4	
泥李庄	53.9	7.7	51.8
留通	50.9	24.9	
光淀张庄	48.9	40.3	

续表

点位	各湖区生态完整性状况赋分	代表面积（km^2）	得分
王家寨	52.1	109.8	
圈头	52.5	27.0	51.8
采蒲台	52.9	46.8	
端村	52.6	48.0	

三、湖泊健康评估赋分

根据如下公式，综合湖泊生态完整性评估指标赋分和社会服务功能指标评估赋分结果，计算白洋淀健康赋分。

$$LHI=LEI\times LEI_w + SS_l\times SS_w$$

$$=51.8\times 0.7 + 48.5\times 0.3$$

$$=50.8$$

式中：LHI、LEI、LEI$_w$、SS$_l$、SS$_w$ 分别为湖泊健康目标处赋分、生态完整性状况赋分、生态完整性状况赋分权重、社会服务功能赋分、社会服务功能赋分权重。参考"湖泊标准"，生态完整性状况赋分和社会服务功能赋分权重分别为 0.7 和 0.3。白洋淀健康评估赋分为 49.4 分，为"亚健康"状态。

第七节　白洋淀健康整体特征

白洋淀健康评估通过对白洋淀 8 个评估监测点位的 5 个准则层 17 个指标层调查评估结果进行逐级加权、综合评分，计算得到白洋淀健康赋分为 50.8分。根据湖泊健康分级原则，白洋淀评估年健康状况处于"亚健康"等级，详见表 6-43。

表 6-43　各准则层健康赋分及等级表

准则层及目标层	赋分	健康等级
水文水资源	65.7	健康
物理结构	42.2	亚健康
水质	68.2	健康
生物	41.4	亚健康
社会服务功能	48.5	亚健康
白洋淀整体健康	50.8	亚健康

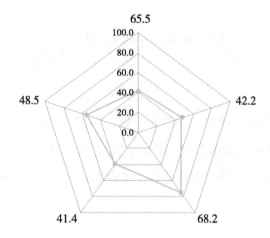

图 6-8   白洋淀各准则层健康赋分雷达图

从白洋淀 5 个准则层的评估结果来看，目前白洋淀水文水资源准则层赋分 65.7 分，处于"健康"等级；物理结构准则层赋分 42.2 分，处于"亚健康"等级；水质准则层赋分 68.2 分，处于"健康"等级；生物准则层赋分 41.4 分，处于"亚健康"等级；社会服务功能准则层赋分 48.5 分，处于"亚健康"等级。

第七章

对策与建议

通过对大清河系 5 个准则层 15 个指标层的监测、调查和评估，评估结果表明大清河系处于亚健康状态，主要表现在以下几方面：

1. 水资源量少，流量过程变异程度大，生态需水量得不到满足。近年来大清河系天然降水减少，工农业发展较快，本身资源性缺水严重。再者，大清河系上游的王快水库、西大洋水库、安各庄水库、龙门水库等，为附近居民的供水、灌溉等做出了巨大贡献，但是也破坏大清河系干流的连通性和河流本身特性，对大清河系中下游径流影响较大。

2. 水质总体尚好，但部分河段有机污染和重金属超标严重。大清河系内有北京、天津、保定、廊坊等大中型城市，人口增长迅速，经济发展较快，污水排放量逐年增加，直接影响河流水质。尤其是处于下游的任丘市、廊坊市以及天津的静海区、大港区，人口密集，工业发达，生活污水和工业废水排放造成水体有机污染和重金属超标。

3. 野生鱼类生物多样性减少。调查显示，与往年相比，大清河系野生鱼类物种多样性明显下降，河道受水体污染及人工干扰影响，野生鱼类种类少，且数量较低。在部分自然河段有常见鱼类分布，众多闸坝和河道挖沙产生的静水坑有少数小型鱼类生存，洄游性鱼类和一些大型经济性鱼类少见，并使生境退化，使其数量下降。

4. 淀区面积萎缩，富营养化严重。白洋淀湖泊萎缩状况指标得分 6.6 分，面积萎缩情况相当严重。泥沙淤积、围淀造田，围淀养鱼，频繁干淀等自然因素和人为社会影响因素，白洋淀正经历着由淀及泽、由泽及陆的演化过程，淀区面积由 20 世纪 80 年代的 366 km² 减至 2018 年的 243.7 km²，面积缩减了 33.4%。所有监测点均处于轻度富营养，水体富营养化污染严重。

第一节 大清河系不健康的主要压力

通过大清河系健康调查评估结果分析,大清河系不健康的 3 个重要表征主要来源于以下方面的压力:

1. 生物多样性遭受破坏。在漫长的自然历史进化中大清河系形成的自然资源,具有自然性、稀有性、典型性和生态脆弱性等特点。数十年来,由于水量和水质等生态环境因素的变化,生物多样性也遭到破坏。鱼类等水生生物物种多样性锐减,结合历史资料分析,生物种类总体上逐渐减少并发生变化,并出现一些新物种,以耐污特点种类居多。

2. 水资源量短缺,闸坝阻隔严重。20 世纪 80 年代以来,大部分年份大清河系都属于枯水年,天然来水减少,水资源量严重短缺,这对大清河系整个水生态系统来说是最大压力之一。入白洋淀水量也严重不足,为维持生态水位和水量,不得不通过引黄等外来水源进行补给。同时,大型水利工程的闸坝阻隔及河流干涸,严重影响水生生物的栖息环境。

3. 部分河段存在有机污染和重金属超标现象,白洋淀富营养化严重。河系内的天津、保定、廊坊等大中型城市,人口增长迅速,工业较多,污水排放量逐年增加,直接影响河流水质,有机污染和重金属超标严重,进而影响水生态系统。白洋淀周边及淀区内的生活、工业、养殖及旅游等排污,严重污染了白洋淀水质,汛期和非汛期均为轻度富营养化。

第二节　大清河系健康保护及修复目标

大清河系是海河流域的一级支流，是华北平原的生态屏障。流域上游生态条件脆弱，加之人类多年垦殖，植被较差，致使该地区生态环境日趋恶化。水土流失、水质恶化、水资源量减少都是大清河系健康面临的重大问题。

大清河系健康保护显得尤为迫切，通过本次调查结果，提出以下几点修复目标。

1. 恢复生物多样性。大清河系河道鱼类和底栖动物种类稀少，应该采取措施，维持河道生态流量，恢复河道和河口栖息地生境，使大清河系水生物多样性以及生态系统得到恢复。消除河道及上游水库的闸坝阻隔状况，建立鱼类通道，消除干涸和断流河道恢复河道连通性。

2. 保障白洋淀的生态需水是恢复白洋淀生态环境关键的一环。白洋淀湿地面积大，水位浅，蓄水量有限，调节功能较弱，每年需要保障一定入淀水量，才能使白洋淀湿地系统得以维持。因此，白洋淀地区要与上游地区搞好协调，合理利用和调度水资源，保证枯水期适量自然水源补给。大清河流域水资源配置应将白洋淀作为重要用水户，并应有较高的优先等级，遇枯水年，除保障生活用水，应优先保障白洋淀湿地的生态用水。然而由于近几年来大清河流域普遍干旱少雨，各大水库来水量少，白洋淀治理的根本在于建立白洋淀本流域补水和跨流域的长效补水机制，实现可持续性补水，这样才能有效解决白洋淀缺水问题。

3. 改善水质。大清河系上游水质相对较好，但是中下游水质普遍较差，应该严格控制中下游污水排放，采取生态修复措施，改善中下游水质质量。例如，大清河系耗氧有机污染指标整体较差，部分监测断面耗氧有机污染状况为病态、不健康等级。

第三节　主要建议

通过对大清河系健康调查分析，提出以下几点建议。

1. 评价方法方面

由于评估工作尚处于摸索阶段，本次大清河系健康评估调查主要参考全国统一的河流及湖泊标准指标体系，结合大清河系实际状况、试点工作难度和工作量，增加常用指标并建立了相应赋分方法，部分可选指标未列于该次调查评价。通过海河流域试点河湖健康评估结果，为完善全国河湖健康监测、评估技术方法体系研究工作提供实践，进而完善全国各流域试点河湖健康评估方法。

社会服务功能占的比重较大，占 0.3。其余四个准则层仅占 0.7。作为河湖健康评价，社会服务功能是否纳入评价仍有争议。在今后河湖健康评估过程中根据实际情况需要进行修改权重。

2. 加强水质、水量、水功能区管理

建设节水型社会，量水而行。采取措施保护水质，防治水污染，控制污染物排放总量。污染治理要由末端处理改为源头控制，实行总量控制，加强对入河排污口的管理，不达标禁止排放，加强对大清河系的治理，提高河道管理水平，构建基于保护水生态的管理体系，最大限度发挥大清河系的生态功能，保持生态基流，消除干涸和断流河道，恢复水生生物栖息地。

3. 严格实行用水总量控制

全面落实最严格水资源管理制度，严格实行用水总量控制，强化需求管理，把水资源条件作为区域发展、城市建设、产业布局等相关规划审批的重要前提，对总量已经达到取水许可总量控制指标的区域，不得审批新增取水。实行用水效率控制，建立重点用水单位监控名录，实行计划用水管理，推进重点领域节水,促进区域经济布局与结构优化调整,建设节水型社会。落实生态保护要求,协调好上下游关系,深化上游水库、引黄水、引江水运行管理和优化调度,保障大清河系生态需水量和白洋淀生态水位。

4.加强基础调查和监测工作

在水生态监测过程中,存在不连续的调查和监测,建议主管部门进行长期稳定的监测机制,并布设永久性的监测站点,在敏感的区域(如白洋淀区域)建立生态野外定位站,实时进行观测。

参考文献

1.Barbour M T, Gerritsen J, Snyder B D, et al. Rapid Bioassessment Protocols for Use in Streams and Wadeable Rivers: Periphyton, Benthic Macroinvertebrates and Fish (2nd ed)[M].Washington, D.C.: U.S.Environmental Protection Agency, Office of Water, 1999.

2.Bate G, Smailes P, Adams J. A water quality index for use with diatoms in the assessment of rivers[J].Water SA, 2004, 30(4): 493-498.

3. 地表水和污水监测技术规范: HJ/T 91-2002[S]. 北京: 中国水利水电出版社.

4. 地表水资源质量评价技术规程: SL219-2007[S]. 北京: 中国水利水电出版社, 2007.

5. 关于做好全国重要河湖健康评估有关准备工作的通知（资源保函〔2010〕7 号）[Z]. 北京: 水利部水资源司, 2010.

6. 关于做好全国重要河湖健康评估（试点）工作的函（资源保函〔2011〕1 号）[Z]. 北京: 水利部水资源司, 2011.

7. 全国河流健康评估指标、标准与方法（办资源〔2010〕484 号）[Z]. 北京: 水利部办公厅, 2010.

8. 全国湖泊健康评估指标、标准与方法（办资源〔2011〕4223 号）[Z]. 北京: 水利部办公厅, 2011.

9. 全国渔业自然资源调查和渔业区划淡水专业组. 内陆水域渔业自然资源调查试行规范 [M].1980.

10. 水功能区管理办法（水资源〔2003〕233 号）[Z]. 北京: 水利部办公厅,

2003.

11. 土壤环境质量标准：GB15618–1995[S]. 北京：环境保护部，1995.

12. 王备新. 大型底栖无脊椎动物水质生物评价研究 [D]. 南京：南京农业大学，2003.

13. 文伏波，韩其为，许炯心，等. 河流健康的定义与内涵 [J]. 水科学进展，2007，18(1)：140–150.

14. 吴阿娜. 河流健康评价：理论、方法与实践 [D]. 上海：华东师范大学，2008.

15. 张觉民，何志辉. 内陆水域渔业自然资源调查手册 [M]. 北京：中国农业出版社，1991.

16. 张远，徐成斌，马溪平，等，辽河流域河流底栖动物完整性评价指标与标准 [J]. 环境科学学报，2007(6)：919–927.

附　录

附录1　各监测点位野外调查实拍图

水堡

紫荆关

郝家铺

松山

中唐梅   王林口

北郭村   西新庄

北辛店   孝义河桥

博士庄

端村

安州

贾辛庄

大因

下河西

平王

北河店

张坊

祖村

安新桥

泥李庄

圈头

光淀张庄

采蒲台

王家寨

留通

西里长

安里屯

南堤路

大丰堆镇东

十号口门

放水闸

万家码头

附录2　典型水生生物图片

棒花

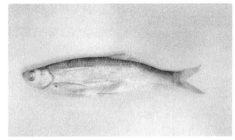

餐条

大鳞副泥鳅

红鳍原鲌

黄颡

鲫

宽鳍鱲

鲤

麦穗

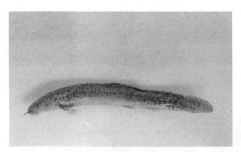

泥鳅

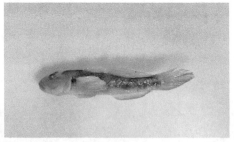

子陵吻鰕虎鱼